걷다 보면

걷다 보면

초판 1쇄 인쇄 2014년 6월 25일 | 초판 1쇄 발행 2014년 7월 5일

지은이 김진석 | 펴낸이 김민기 | 에디팅 김보희 임소라 | 펴낸곳 큐리어스 | 큐리어스는 ㈜QCG의 단행본 출판 브랜드
입니다. | 출판등록 제 2012-000283호 | 주소 서울특별시 마포구 서교동 378-12 우전빌딩 5층 | Copyright © 2014 김진석
| 저작권법에 따라 이 책의 내용 중 어떤 것도 무단 복제하거나 무단 배포할 수 없습니다. | ISBN 9791195023271 13980 |
이 도서의 국립중앙도서관 출판시도서목록(CIP)은 서지정보유통지원시스템 홈페이지(http://seoji.nl.go.kr)와 국가자료
공동목록시스템(http://www.nl.go.kr/kolisnet)에서 이용하실 수 있습니다. (CIP제어번호 : CIP2014016578)

도서 문의 큐리어스 T 02-3144-4947 F 02-3144-4948 E yourbook@qrious.co.kr H www.qrious.co.kr
전국 도서공급처 ㈜랭스토어 T 02-2088-2013 F 031-943-2113 E account@langstore.co.kr

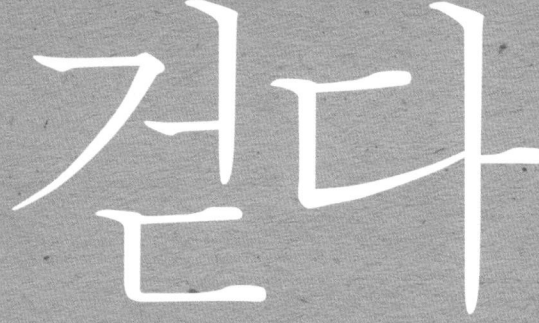

걷다

길 위의 사진가 김진석의 걷는 여행

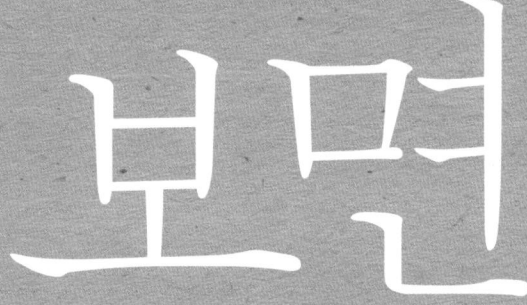

보면

걸어야만 만날 수 있는 것들이 여기에

신문에 종종 인상적인 사진이 실리곤 해서 그 이름을 들여다보면 늘 김진석이
었다. 일종의 팬이었던 나는 올레길에서 사진 작업을 하기 위해 내려온 그를 만
나 약간은 실망했다. 여느 사진작가들과는 달리 길을 걷는 걸 지독히도 싫어했
기 때문이다. 그러나 그는 제주 올레에서 '걷기교'에 입문하였고 드디어 완벽하
게 개종하였으니, 올레길 완주는 물론이고 스페인의 산티아고 순례길과 히말리
야까지 도전하기에 이르렀다.

깊은 시선을 지닌 그의 사진과 촌철살인의 짧은 글이 담긴 이 책을 통해 많은 독
자들이 걷기의 매력에 깊이 빠져들기를, 그리고 걸어야만 느끼고 만날 수 있는
풍광과 사람을 만나게 되기를 바란다. 덧붙이건대, 그는 본인을 길 위의 작가로
만들어준 제주 올레에 자신의 사진을 늘 무상으로 재능 기부하는 올레 '종속작
가'이기도 하다.

서명숙 (제주 올레 이사장)

걸으며 찍으며 쓰며

내가 김진석을 처음 만났을 때 그는 이미 '찍는 사람'이었다. 길거리에서든 술집에서든 그 커다란 카메라를 마치 몸의 일부인 양 달고 다니며 연신 셔터를 눌러대고 있었다. 하지만 당시의 김진석은 '걷는 사람'도 아니고 '쓰는 사람'도 아니었다. 그랬던 그가 이제는 길을 걷고, 사진을 찍으며, 글을 쓴다. 그 변화의 과정을 계속 지켜본 나로서는 그것이 '내 탓'인지 '내 덕'인지 판단하기가 쉽지 않다.

그와 함께 제주 올레를 처음 걷던 날이 생각난다. 훗날 김진석 자신도 고백했거니와 "당장 카메라를 내동댕이치고 싶은" 표정이었다. 하긴 평소에 전혀 걷지 않던 사람이 제주 올레의 그 길고 지루한 길을 하염없이 배회하자니 죽을 맛이었을 것이다. 그 와중에 나는 엉뚱한 '뽐뿌질'을 했다. "카미노 데 산티아고라고 있어. 한 800km 정도 되는데 같이 갈래?" 김진석은 오케이했지만 나는 결국 배신을 때렸다. 도저히 한 달이 넘도록 한국을 비울 수 없는 사정이 생겼던 것이다. 내가 안 가니 그도 안 갈 것이라 생각했다. 하지만 여기에서 그는 전혀 뜻밖의 결정을 내리고 그것을 밀어붙인다. 저 혼자 프랑스로 날아가 피레네 산맥을 넘은 다음 스페인의 땅끝까지 걸어간 것이다.

카미노에서 돌아온 그는 이미 '걷는 사람'이었다. 그때 찍은 사진들이 이 책의 2부에 실린 작품들이다. 이후 김진석은 나의 여행에서 가장 소중한 동반자가 되었다. 나는 그와 함께 프랑스의 구석구석을 쏘다니고, 네팔 히말라야의 칼라파타르에 올랐으며, 투르 드 몽블랑을 걸으며 알프스의 국경을 세 번 넘었다. 그 과정에서 나온 것이 이 책의 3부에 실린 사진들이다. 김진석은 그렇게 쌓인 사진들을 모아 사진집을 내겠다며 내게 원고를 부탁했다. 하지만 나는 또 한번의 배신을 때린다. 써준다 써준다 하며 차일피일 미루다가 결국에는 부도를 낸 것이다. 여기서 그는 또 한번의 혁명적인 결단을 내린다. 그 스스로 글을 쓰기 시작한 것이다.

사진가가 사진을 찍는다는 것은 동어반복에 불과하다. 하지만 사진가가 길을 걷는다는 것과 사진가가 글을 쓴다는 것은 대단한 축복이다. 김진석은 이제 '걸으며 찍으며 쓰며'의 삼박자를 고루 갖춘 귀한 사진가가 되었다. 그 과정에서 내가 기여한 바가 있다면 두 개의 공수표를 날린 것뿐이다. 그러니 그것을 내 탓이라 해야 할지 내 덕이라 해야 할지 모르겠다.

하지만 이제 그의 새 책을 받아들고 그 안에 실려 있는 사진과 글을 보니 고백하고 싶어진다. 내가 그의 사진에 대한 글을 쓰지 않은 것은 덧붙일 말이 없었기 때문이다. 사진은 사진으로 말한다. 김진석의 사진은 매 컷 그 자체로 하나의 완벽한 스토리텔링을 구사하고 있다. 거기에 내 글을 덧붙여봤자 사족이 되거나 심지어 사진 자체의 가치를 훼손시킬 뿐이라 여겼던 것이다. 그런데 이 책에 실린 김진석의 글은 다르다. 사진의 암부에 빛을 비추고, 사진의 감동에 여운을 더한다. 힘겹게 걸은 길에서 찍은 사진이 이제야 제 짝을 만난 듯하다.

심산 (작가, 심산스쿨 대표)

그의 사진에서 흔적을 본다

사진이, 더 엄밀하게 필름 또는 이미지 센서가 기록하는 데이터는 시간과 공간에 근거를 둔다. '언제'와 '어디서'는 사진을 증거로 사용할 때 필수적인 항목이다. 범죄수사에서 사진은 알리바이를 증명하기 위한 유력한 증거가 된다. 그래서 사진의 출발은 도큐멘트이다. 기념사진은 도큐멘트로서의 사진의 역할을 충실히 수행한다.

사진가 김진석과의 첫 만남은, 사진 한다는 사람들이 MT를 빙자해 서울 근교에 모여 하룻밤 술 마시며 수다를 떨던 자리였다. 그가 한 자신의 소개는 '걷는 사진가'였던 것으로 기억한다. 걷는 사진이라… 궁금했다.

그의 공간은 길 위다. 그의 시간은 그 길 위에서 존재했다. 모든 사진의 시간은 과거다. 지나간 시간을 연장해 지금 이 시간과 연결되는 고리에 사진가는 존재한다. 그래서 사진은 그 사진을 찍은 이와 독립변수가 아니게 된다. 왜 하필 그 시간, 그 길 위를 걷고 있었을까?

나는 그가 무언가를 '보여주기' 위해 그 길을 걸었으리라고 생각하지 않는다. 또한 '무언가를 목격'하기 위해 그랬으리라고도 생각하지 않는다. 흔적은, 시간과 공간을 함께 내포하는 단어 중 하나이다. 그의 사진에서 흔적을 본다. 길 위에서 만난 작은 돌멩이부터 사람들, 거대한 풍광에 이르기까지 그의 흔적을 보며 따라가게 된다. 흔적은, 다음 시간의 이들을 위한 몫이다.

그의 사진을 통해 그의 눈이 된다. 마치 시신경이 받아들인 이미지처럼, 길을 따라가며, 그 길을 지나갔던 시간을, 현재의 시간에서 함께 공유한다. 무엇을 봤을까를 넘어 무엇을 느끼고 생각했을까까지 다다르는 순간, 그의 사진은 도큐멘트의 경계를 넘어선다.

"난 그냥 걷기만 했어요. 그런데 그런 것들이 보이더라구요." 힘 빼고 찍은 사진에는 강요가 없다. 강요하지 않으나, 생각하게 하는 담백한 사진. 김진석의 사진은 그런 사진이다.

덧. 그의 아이들이 부러웠다. 아이들이 나이 들어 아빠의 사진을 보게 될 때, 그 길에서의 아빠를 떠올리게 될 일을 생각하니, 그가 그저 걷기만 한 것은 아니로구나 하는 생각과 함께.

서영걸(사진가)

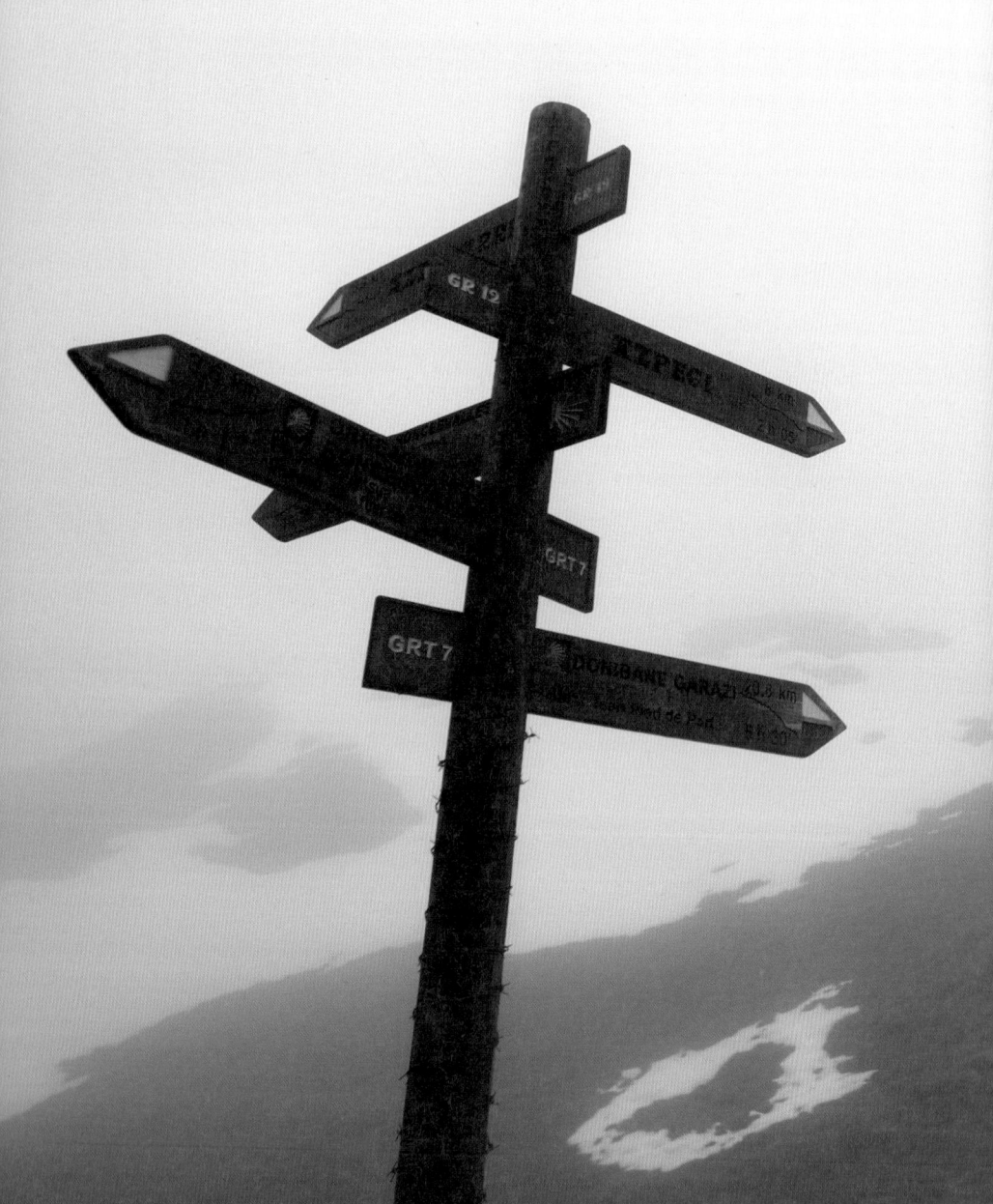

차 례

01 길 위의 사진가 14

02 카미노에서 길을 배우다 34

03 길과 살아가다 192

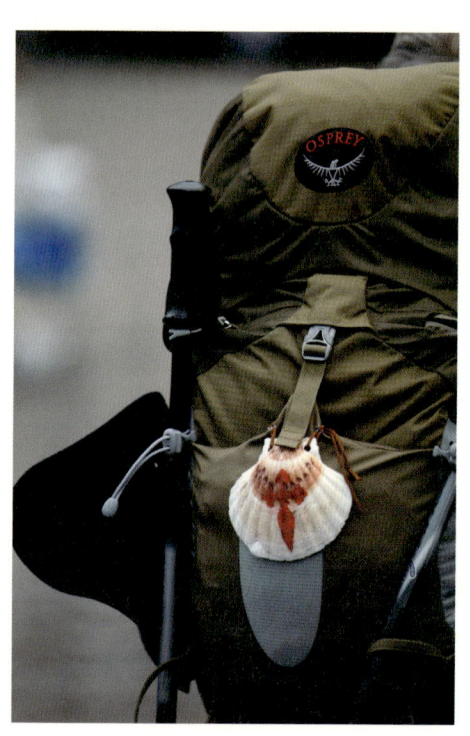

이 책을 읽는 당신이
지금부터 나와 함께 길을 떠났으면 좋겠다.

여장을 꾸리고, 신발끈을 여미고,
두려움과 설렘으로 카미노의 아침을 맞고,
길 위에서 만나는 인연들과 반갑게 인사를 나누며,
나를 걷는 사진가로 다시 살아가게 해준
그 길들을 함께 걸었으면 좋겠다.

걷는 속도로 생을 늦추고서야 보이던
그 길의 나뭇잎, 바람, 구름, 풀, 벌레, 돌멩이들을
바라보며 함께 웃었으면 좋겠다.

부디 이 길이 당신에게도 즐거움이었으면 좋겠다.

걸으면서 나를 가장 힘들게 한 것은 카메라였다. 어깨와 무릎을 짓누르는 건 기본이었고, 날씨 때문에 간간이 고장이 나기도 했고, 파파라치 소리까지 듣게 했다. 하지만 내가 길을 걷게 된 것도, '카미노 데 포토그래퍼'라는 이름을 얻은 것도, 내가 다 기억하지 못하는 순간을 간직할 수 있는 것도 모두 이 카메라 덕분이다.

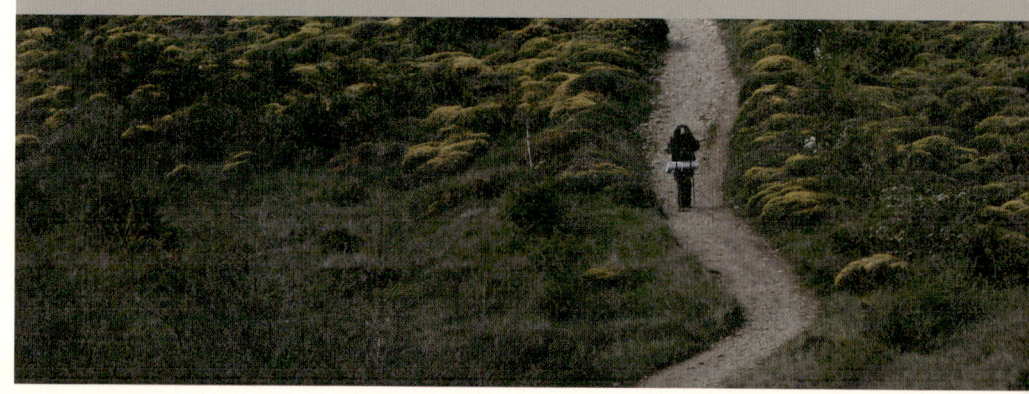

01 길 위의 사진가

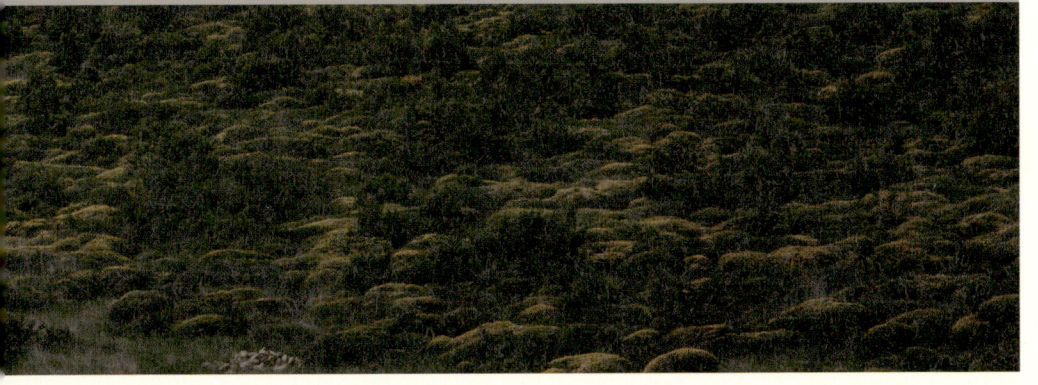

나는 무엇을 찍고 싶은가

나는 기자 생활을 하면서 사진을 시작했다. 늦깎이어서 그랬는지 몰라도 카메라라는 걸로 사람들을 보는 게 신기했다. 현장을 기록하고 사람들에게 전하는 것도 흥미로웠다. 현장에서 생각하고 느낀 것을 그곳에 있던 사람들을 통해 표현하는 느낌이랄까. '피사체를 본다'고 하면서도 어쩌면 약간은 이용을 했던 셈이다.

그 틀이 깨진 것은 한 매체의 〈새벽을 여는 사람들〉이라는 코너를 취재하게 되면서부터였다. 뷰파인더로 들여다본 세상은 매우 불공평했다. 새벽에 일하는 사람들의 모습은 전혀 아름답지 않았다. 고통스럽고, 힘들고, 덥고, 춥고, 몸 여기저기가 아픈 게 당연했다. 저마다 복잡한 인생사를 품은 채 자본주의 사회에서 가족을 먹여살리기 위해 '일'이라는 경제활동을 하는 그 모습을 왜 우리는 단지 '아름답다'는 말로 치장해버리는가, 하는 고민을 오래 했다. 많이 힘들었다.

그러다 국회에 출입하게 되었다. 4년쯤 일하는 동안 사진에 배신감을 느끼고 말았다. 사람들이 가식적이라는 것을 알면서도 사진을 찍고 있는 내 모습 때문이었다. 일상의 기록, 진실의 기록이 아니라 만들어진 가공의 기록을 찍고 있는 것 같았다. 카메라를 놓아야겠다는 생각이 들었다.

그 일을 그만두었을 때쯤 우연찮게 제주 올레에 가게 되었다. 그때는 사실 '걷는다'는 생각은 없었다. 국회라는 딱딱한 곳에서 제주라는 공간, 길이라는 공간으로 사진을 찍는 곳이 바뀐 것뿐이었다. 장소가 바뀌면 행동도 달라지기 마련이다. 그래서 걷기 시작했고, 걸으면서 사람들을 찍었다. 처음에는 사람들이 왜 자기 주머니를 털어가면서까지 걷는지 의문이었다. 그때까지의 나로서는 상상도 못할 일이었기 때문이다. 걸으면 뭐가 좋아질까? 걸으면 삶에 무엇이 더해질까? 걷고 돌아가면 일상에 어떤 변화가 생길까?

제주 올레길에서 시작된 걷기와의 인연은 산티아고의 순례길, 카미노 데

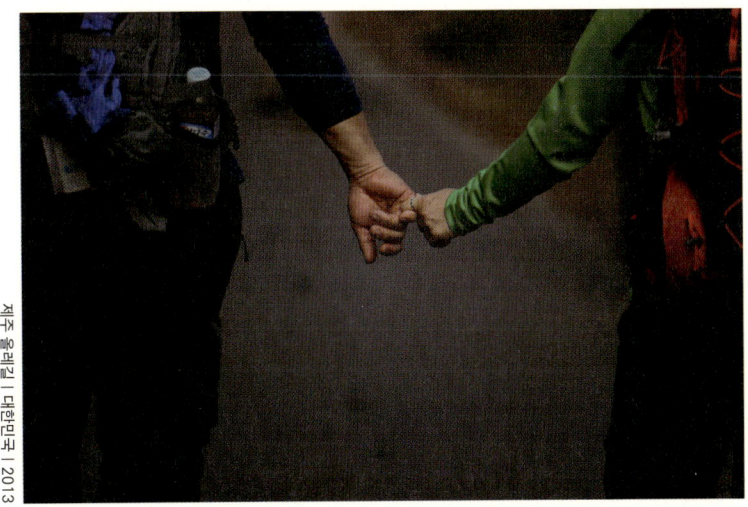

제주 올레길 | 대한민국 | 2013

산티아고(이하 '카미노')로 이어졌다. 어디든 카메라를 들고 가는 게 습관이었기에 사진도 찍게 된 것뿐, 40여 일간 오직 걷기 위해 떠난 길이었다. 그런데 지치고 힘든 마음을 다독이고 위로해준 것은 한 점의 가식도 없이 자연스럽고 일상적인 사람들의 모습이었다. 그때 처음으로 '인간의 모습이 아름답다'는 생각을 했다. 내가 찍고 싶은 사진이 거기에 있었다.

나는 사람을 찍고 싶고, 그 사람의 가장 아름다운 모습을 찍고 싶다. 그렇다고 아주 거창하거나 특별한 것이 아니다. 부엌에서 밥을 짓는 모습일 수도 있고 각자의 일에 몰두하는 모습일 수도 있다. 버스에서 생각에 빠진 모습일 수도 있고 묵묵히 길을 걷는 모습일 수도 있다. 그런 자연스러운 모습이 바로 '진실'이고 아름다움이 아닐까.

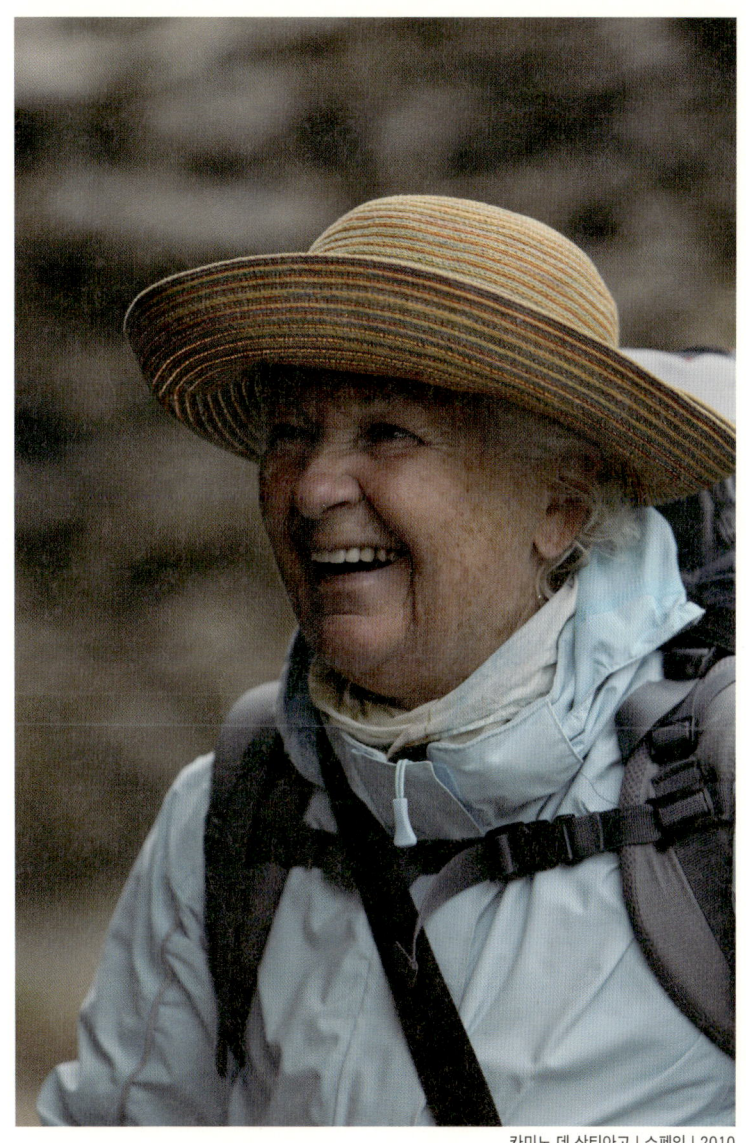

카미노 데 산티아고 | 스페인 | 2010

나는 왜 걷는가

커다란 배낭에 카메라까지 멘 내 모습을 인천공항 쇼윈도에 비추어보았다. 마치 다른 사람을 보고 있는 것만 같았다. 솔직히 무모한 도전이었다. 제주 올레길을 걸으며 관심이 생겼다고는 하지만, 불과 얼마 전까지만 해도 나에겐 '걷는다'는 개념조차 없었다. 아니, 오히려 걷는 걸 지독하게 싫어하는 편이었다. 그런 내가 40일 동안 800km를 걷겠다고 외국으로 나가다니. 농담 반 진담 반으로 사람들과 같이 계획했던 일이었는데, 이런저런 사정으로 혼자 떠나게 되어버렸다. 비행기에 오르는데도 마음속에는 두려움과 불안감이 가득했다.

도착해서 길을 걷는 동안, 처음 며칠은 누군가 뒤에서 계속 배낭을 미는 것 같은 느낌이 들었다. 그걸 미는 게 나였는지, 지금까지 살아온 인생이었는지는 모르겠다. 누군가, 무엇인가 뒤에서 자꾸 밀었다. 나는 그것에 떠밀리듯 앞으로 걸어간 것뿐이었다.

열흘에서 보름 정도 걸으니 '감각'이 사라졌다. 아침에 길을 나서면, 배낭 멘 자세를 고치고 카메라 세팅을 하고 카메라 가방도 조절하고 신발끈도 다시 묶는 시간을 30분 정도 거쳤다. 이윽고 모든 것들이 자리를 잡으면, 가장 먼저 다리에 감각이 없어졌다. 걷고 있다는 생각이 들지 않았다. 그냥 무의식적으로 다리가 움직이고 몸이 앞으로 나아갔다. 그러면서 보는 풍경들이 더 넓어졌다.

"왜 카미노야?"

많은 사람들이 이렇게 물어왔다. 카미노가 스페인어로 '길'이라는 뜻이므로, 왜 카미노에 왔느냐는 질문인 동시에 왜 길을 걷느냐는 질문이기도 했다. 그때는 사실 그 질문이 무척 싫었다. 나도 모르겠는데 자꾸 물어보니까. 처음에는 아무런 의미를 생각하지 않고 걸었다. 그러다가 두 다리에 '걷고 있다'는 감각이 사라질 무렵부터 스스로도 묻기 시작했다. 나는 왜 걷는 것일까?

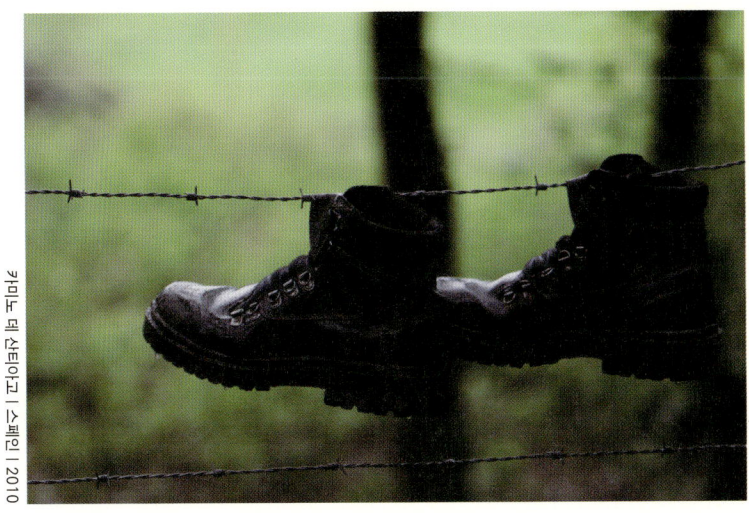

그 질문에 대한 답은 지금도 고민중이다. 하지만 한 가지 분명한 것은, 길을 걸으면 복잡한 생각들이 저절로 정리된다는 것이다. 그럼으로써 내가 찍는 사진, 살아갈 방향, 살아갈 인생을 찾게 해준다. 끊임없이 어떻게 살아가야 할지를 묻고 답하는 공간이 길이기 때문에 나는 걷는다.

누군가는 명상의 시간을 갖고, 어떤 스님은 동안거나 하안거를 하듯이 걷기는 나의 동안거이고 하안거인 셈이다. 그래서 걷고 나면 무척 개운하다. 걷고 나면 명징해지고, 구체화되고, 어떤 문제에 대해 좀 더 전투적으로 대하게 된다. 길을 왜 걷는가? 살기 위해 걷는다. 어떻게 살아야 할지 모르니까, 살기 위하여.

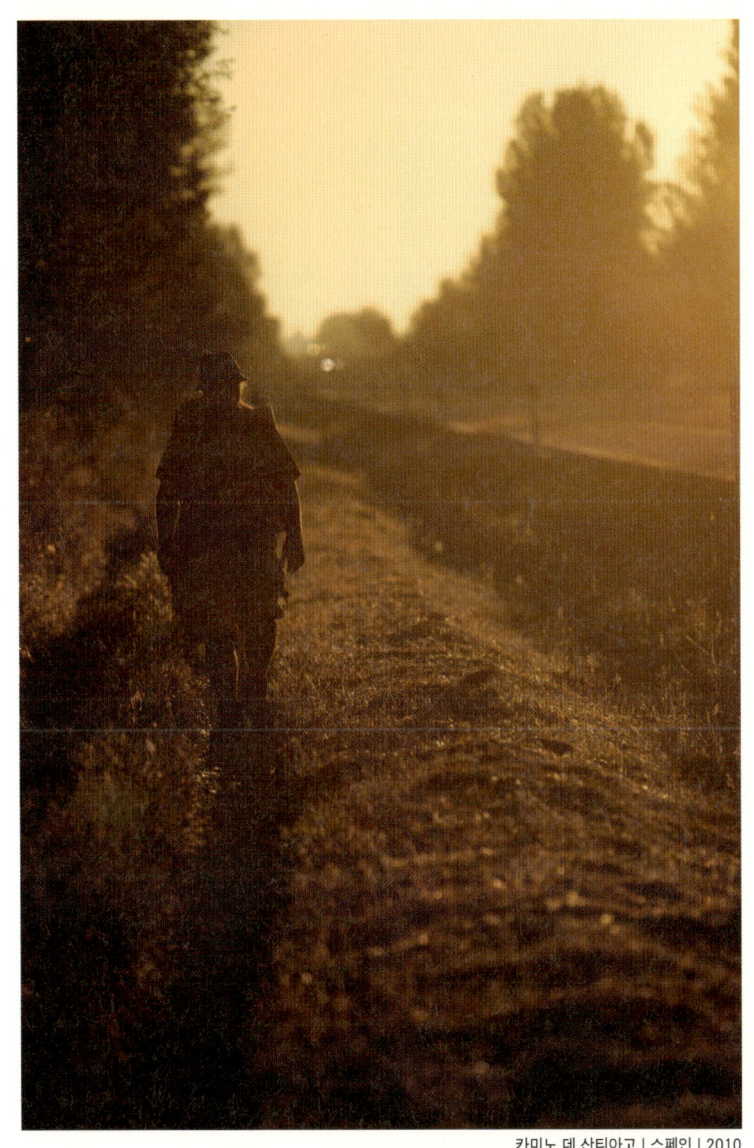

카미노 데 산티아고 | 스페인 | 2010

카미노 데 포토그래퍼

카미노를 걸을 때였다. 길에서 쉬고 있는 스페인 노부부를 만났다. 볼 때마다 내 무릎을 걱정해주고, 좋은 사진 많이 찍으라고 격려해준 사람들이다. 나를 보더니 엄지손가락을 세우며 '카미노 데 포토그래퍼'라고 외쳤다. 그 말이 좋았다. (Camino de Photographer는 '사진가의 길'이라고 해석하는 게 좀 더 정확하겠지만 노부부는 '길 위의 사진가'라는 뜻으로 말했을 거라고 생각한다.)

솔직히 말해 걸으면서 나를 가장 힘들게 한 것은 카메라였다. 어깨와 무릎을 짓누르는 건 기본이었고, 날씨 때문에 간간이 고장이 나기도 했고, 파파라치 소리까지 듣게 했다. 하지만 내가 길을 걷게 된 것도, '카미노 데 포토그래퍼'라는 이름을 얻은 것도, 내가 다 기억하지 못하는 순간을 간직할 수 있는 것도 모두 이 카메라 덕분이다.

카미노 사진을 보면 사진의 관점에서는 초창기 사진이 좋다. 걷는다는 느낌보다 사진을 찍는다는 생각이 더 컸던 탓이다. 하지만 중반과 후반 사진에는 '길을 걷는다'는 느낌이 더 살아 있다. 풍경을 예쁘게 찍는 것만이 잘 찍는 게 아니라는 걸 깨닫게 되었기 때문이다. 걷는 것에 더 초점을 맞추자 사진에 대해 조금 더 내려놓을 수 있었다.

내가 원하는 사진은, 그 사진 속의 피사체는 무엇인가 하는 생각을 하면 막막하던 때가 있었다. 그런데 수도승이 고행을 하듯 몸을 움직이니 조금씩 답이 보였다. 몸으로 그 감각을 익히려고 노력해온 셈이다. 사람마다 스타일이 있다면 나에게 맞는 스타일은 몸으로 느끼는 것이었다. 몸으로 느끼는 것 중에 가장 좋은 건 걷기다. 걸으면 온몸을 다 쓰게 되니까.

길을 걷는 속도에 따라서도 보이는 게 달라진다. 빨리 걷는 사람은 느리게 걷는 사람의 시선으로 세상을 볼 수 없다. 천천히 천천히 걸으면 지금까지 우리가 살아왔던 속도에서 보지 못했던 것들을 보게 된다. 사진을 찍는 새로운 시선도 그렇게 만들어진다.

단순히 제3자가 바라보는 피사체가 아니라 내가 걸으면서 느꼈던 그 감정을 찍고 싶다. 그게 걸으면서 찍는 사진의 가장 중요한 포인트라고 생각한다. 이를 테면 탄광 사진을 찍는데 작가가 찍는 거냐, 내가 광부가 되어서 찍는 거냐의 문제와 같다.

땀 냄새가 나는 사진, 슬픔이 느껴지는 사진, 기쁨이 느껴지는 사진, 그런 '냄새가 다른' 사진을 찍고 싶다.

카메라와 함께 걷는 법

이런저런 인연으로 사진반 수업을 진행해온 지 꽤 오래되었다. '길 위의 사진가'라는 과분한 이름까지 달고 활동하다 보니 "어떻게 하면 걸으면서 사진을 잘 찍을 수 있나요?"라는 질문을 많이 받게 된다. 길과 사진에 대한 생각을 이야기하는 김에, 카메라를 들고 길을 나서는 분들에게 드리고 싶었던 이야기들을 한번 정리해보려 한다.

1. 사진을 꼭 찍을 필요는 없다, 걷는 일 자체를 즐겨라

걸으면서 꼭 사진을 찍어야 하는 건 아니다. 사진을 찍기 위한 행동이 오히려 부담이 될 수도 있다. 무엇을 어떻게 찍을까 하는 생각에서 벗어나, 길을 걷는 것 자체에 집중해보자. 그러면 보는 것, 느끼는 것이 달라진다.

카미노를 걸을 때, 풀이 있는 곳이면 여유롭게 누워 있는 사람들이 많이 있었다. 즐기니까 가능한 풍경이다. 즐긴다는 것은 자신의 호흡과 템포에 맞게 걷는 걸 의미하기도 한다. 무리하게 목표를 정하지 말고, 가능한 한 천천히, 혼자보다는 사람들과 같이, 충분히 많이 먹고 웃으며 걸었으면 좋겠다. 땅에 누워도 보고, 하늘도 쳐다보고, 풀도 보고, 나뭇잎의 색깔도 보고, 지나가는 개미 길도 보고, 흐르는 냇물에 발을 담그기도 하고. 그렇게 길 자체를 느끼며 걸었으면 좋겠다.

2. 무리하지 말고 내 몸에 맞는 카메라를 선택해라

기타를 들고 걸으며 노래를 부를 수도 있고, 스케치북을 들고 다니며 그림을 그릴 수도 있다. 사진을 찍는 것도 그렇게 길을 즐기는 일 중의 하나다. 걸으며 뭔가를 남기는 게 좋아서 사진을 선택했다면 카메라도 무리할 이유가 없다. 내 몸에 맞는 카메라를 들고 걷자. 무거운 DSLR은 자칫 목이나 무릎, 어깨에 무리를 줄 수 있다. 카메라를 드는 게 고통스럽다면 카메라를 들지 않는 게 낫다. 핸드폰으로도 얼마든지 찍을 수 있다.

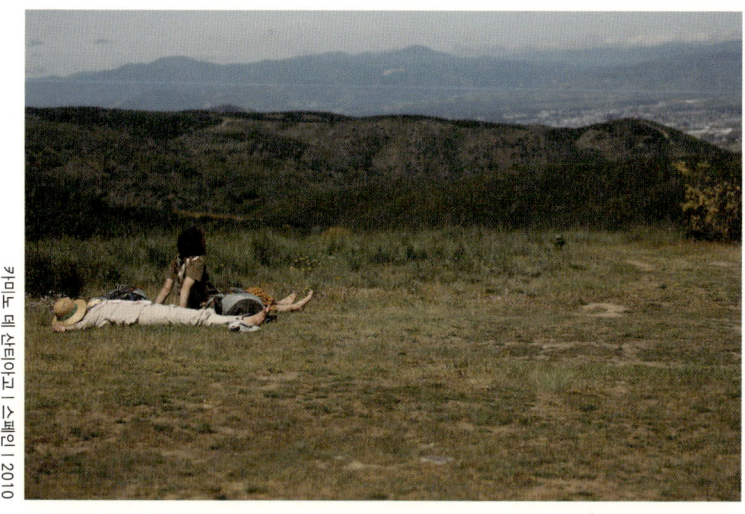

카미노 데 산티아고 | 스페인 | 2010

3. 이미지의 선입견을 지워라, 보이는 걸 찍어라

뭘 찍어야 할까? 사진을 처음 찍는 사람들의 99.9퍼센트가 묻는 질문이다. '인사동'이라고 하면 '전통'이 먼저 떠오르듯이, 어딘가로 출사를 가면 그곳에 대해 이미 알고 있던 이미지만 떠올리는 사람들이 많다. 워낙 많은 시각자료에 둘러싸여 살다 보니 시각적 선입견이랄까, 고정관념이 형성된 것이다. 그 이미지대로만 찍으려고 하면 찍을 게 없어지고 만다.

길에서도 같은 일이 벌어진다. 아름답게 이어지는 길이 있고, 그 길에 사람들이 활짝 웃고 있는 장면을 떠올리지만 현실은 그렇지 않다. 뭘 찍어야 할지 모르겠다 싶을 때 가장 좋은 방법은 내가 그 공간에서 뭘 하고 있는지를 돌아보는 거다. 다른 사람들도 같은 행동을 할 것이기 때문이다. 카메라를 내려놓고 한번 둘러보라. 사람들이 무엇을 하고 있는지. 그리고는 보이는

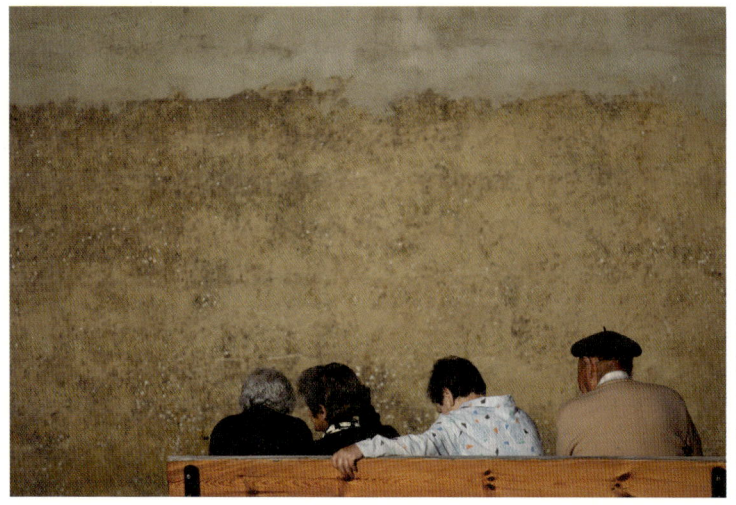

카미노 데 산티아고 | 스페인 | 2010

것을 찍자. 찍은 후에는 이러쿵저러쿵 사진을 평가하지 말자. 찍을 때 행복했고 봤을 때 즐거웠다면 그걸로 충분하지 않은가. 보이는 대로 찍는 것이 좋은 사진이다. 찍는 이가 행복한 것이 가장 좋은 사진이다.

4. 관심을 가져라, 오감을 열고 두리번거려라

관심이 있으면 보이는 것이 달라진다. 자연에 대해, 사람에 대해 관심을 가지고 걸어보자. 꽃 한 송이도 걷는 시간대와 보는 방향에 따라 느낌이 다르다. 유심히 관찰하면 훨씬 더 좋은 사진을 얻을 수 있다.

가끔 걸어온 길을 돌아보고, 내가 무엇을 밟고 있는지에 대해 고민도 해보자. 그렇게 마음과 몸을 열어놓고 걸으면 보이지 않던 것들이 보이게 되고, 찍히게 된다. 내가 보는 만큼, 관심 있는 만큼 찍게 되는 것이 사진이다.

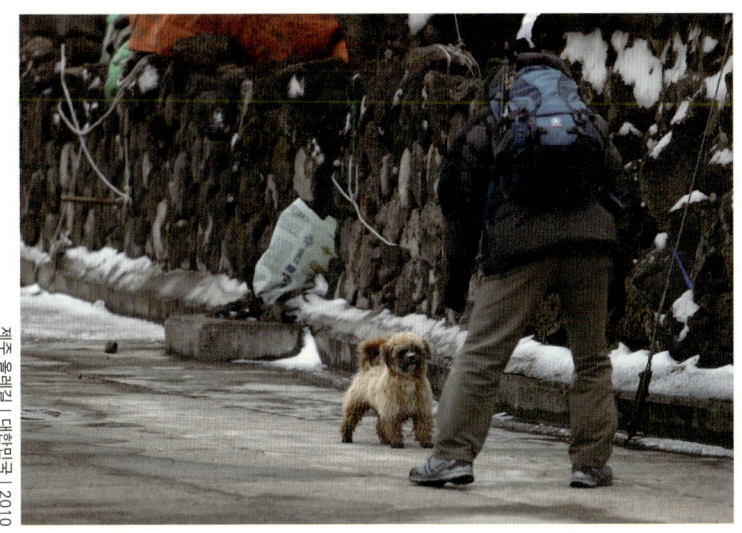

제주 올레길 | 대한민국 | 2010

5. 배경을 먼저 보라

걸으면서 사진을 찍을 때는 배경을 먼저 보는 것이 좋다. 지금 창가에 있다고 해보자. 그냥 창문만 찍으면 재미가 없다. 그런데 창밖으로 비둘기 한 마리가 파란 하늘을 가로질러 날아간다고 쳐보자. 그 순간을 포착하면 사진이 훨씬 더 풍성해진다. 길도 마찬가지다. 배경을 먼저 보면 그 배경 안에 사람이 들어올 때 어떤 느낌일지를 생각하게 된다. 그렇게 배경과 사람을 함께 찍으면 길을 걷는다는 느낌을 더 생생하게 담을 수 있다.

사람이 없으면 풍경도 존재하지 않는다. 반대로, 풍경이 없으면 사람도 존재하지 않는다. 둘은 결국 같은 방향을 가리킨다. 반드시 인물이 중심이어야 하는 것도, 풍경이 중심이어야 하는 것도 아니다. 풍경과 인간이 하나가 되는 것이 가장 좋다.

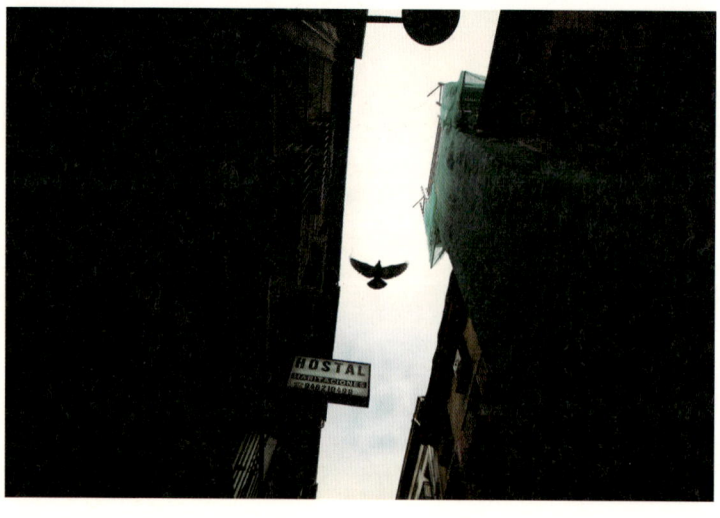

6. 걸어갈 길을 상상하고 미리 걸어보라

길을 떠나기 전에 먼저 길을 걸어보는 것도 좋다. 먼저 걸어본다는 건 길 위에서 어떤 일들이 벌어질지 상상해보라는 의미다. 누군가 길을 걷는다, 누군가 나무 그늘에서 쉬고 있다, 누군가 물을 마신다, 누군가 힘겨워한다, 누군가 울고 있다, 웃고 있다. 길을 먼저 걸어보는 건 어떻게 보면 촬영 계획을 세우는 것과 같다. 그리곤 실제로 걸으며 그대로 찍어보는 거다.

걸은 후에는 그날 찍은 사진을 처음부터 되돌려보자. 그러면 걷던 당시의 감정들이 다시 살아난다. 마음으로 한 번 더 그 길을 걸어보는 거다. 말하자면 촬영 계획과 리뷰인 셈이지만, 그 목적은 촬영의 잘잘못을 따지려는 게 아니다. 내가 걸어왔던 길을 더 잘 보고, 그 길에 대해 더 많은 이야기를 하기 위해 하는 것뿐이다.

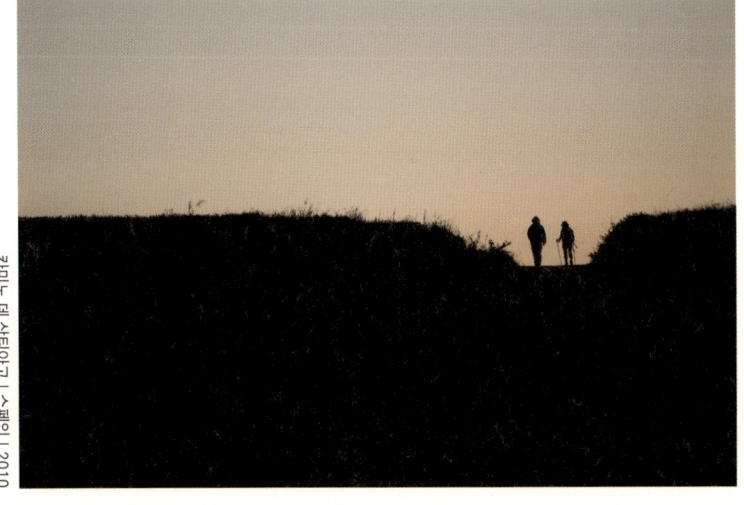

카미노 데 산티아고 | 스페인 | 2010

만약에 일주일을 걷는다고 하면, 첫날에는 선입견이 만든 이미지들이 가득할 수밖에 없다. 하지만 둘째 날에는 그 이미지들이 자연스럽게 깨지고, 첫날의 경험을 바탕으로 생생한 이미지를 떠올릴 수 있게 된다. 그렇게 셋째, 넷째 날쯤 되면 그동안의 시행착오를 바탕으로 좀 더 명확하고 구체적인 촬영 계획을 세울 수 있다.

가기 전에 먼저 걸어보고, 실제로 걷고, 그런 뒤에 마음으로 또 걸어보자. 그것이 카메라와 함께 길을 걷는 최고의 방법이다.

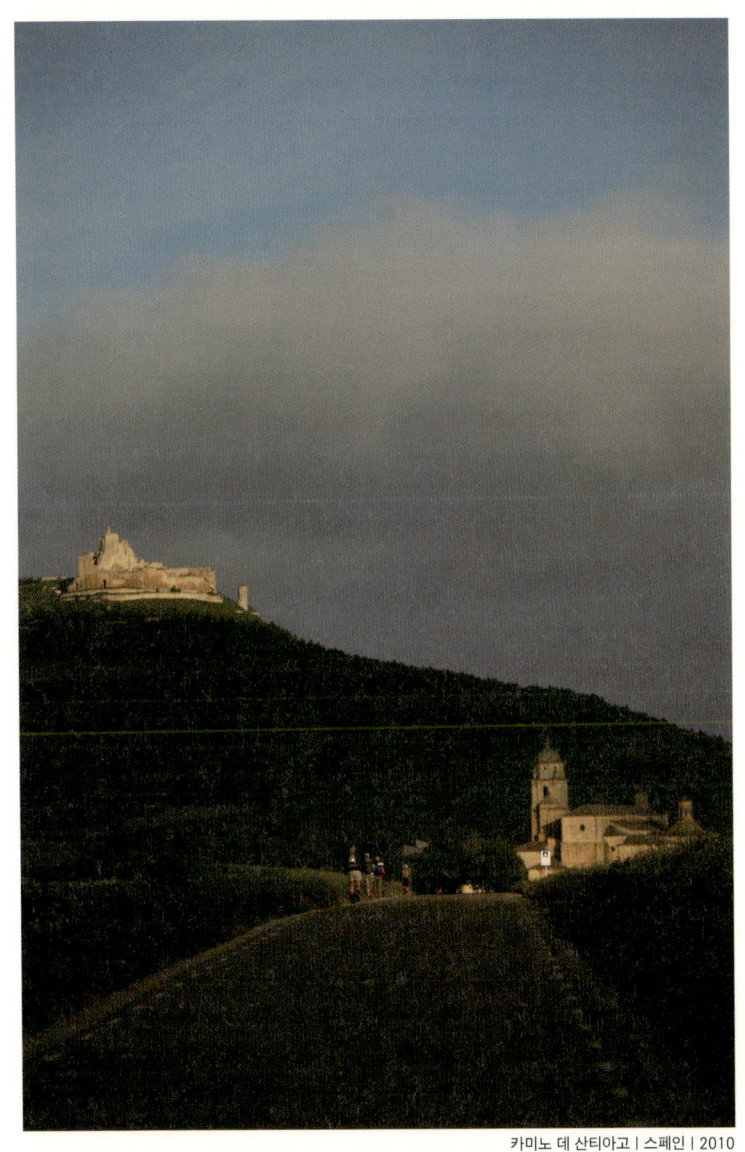

카미노 데 산티아고 l 스페인 l 2010

무모한 도전으로 출발한 카미노 데 산티아고의 40일은 걷기를 지독하게 싫어하던 한 사람을 '길 위의 사진가'로 다시 태어나게 해주었다. 두려움과 후회, 망설임과 갈등으로 시작했던 그 길이 마음의 치유를 넘어 즐거운 각성으로 이어지기까지, 나를 이끌어주었던 풍경과 사람의 기억 속으로 당신과 함께 걸어가고 싶다.

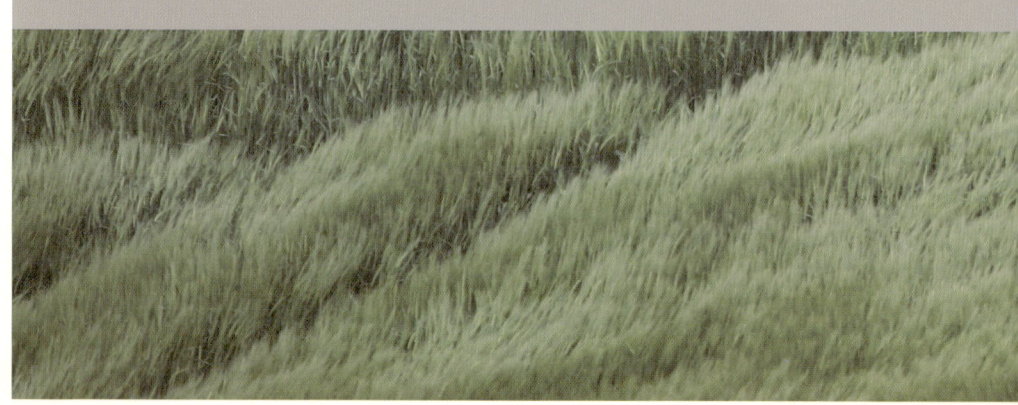

02 카미노에서 길을 배우다

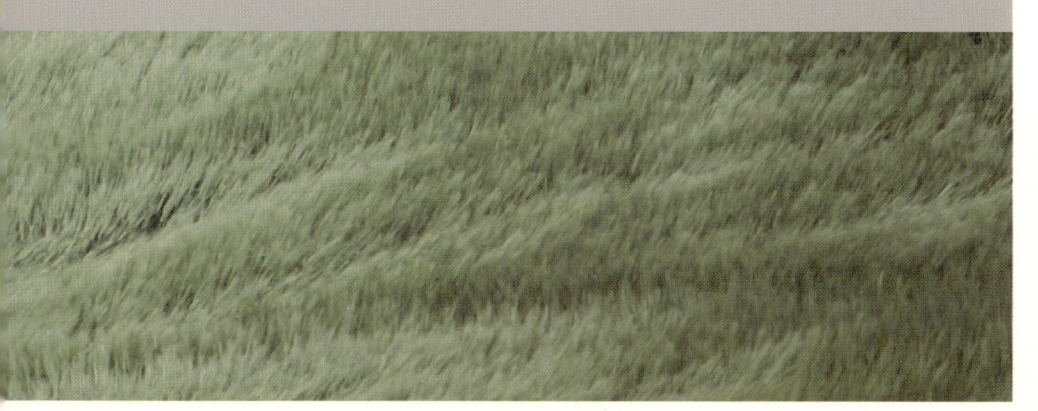

산티아고로 가는 아홉 개의 길

원래 순례자의 길은 짐을 메고 집 앞에서 출발해 산티아고 데 콤포스텔라 Santiago de Compostela로 걷는 길이었다. 그렇기 때문에 유럽 각지에서 출발하는 아홉 개의 순례길이 모두 자연스럽게 연결되어 있다. 그중 가장 많은 사람들이 선택하는 길은 생장피에드포르Saint Jean Pied de Port(이하 '생장')에서 시작하는 '프랑스 길'이다. 나 역시 그 길을 걷기로 했다.

생장에 도착한 후 순례자 사무실을 찾는데, 길을 물을 것도 없이 앞서 가는 사람들을 따라가다 보니 사무실이 나왔다. 크레덴시알이라고 하는 순례자 여권을 발급받고, 알베르게(순례자 숙소) 예약까지 마친 후 순례자의 표식인 조개껍데기를 하나 사서 잘 보이게 배낭 가운데에 묶어뒀다. 이제 모든 게 준비되었다. 길 곳곳에서 자기 몸보다 큰 배낭을 멘 사람들을 보니, 실감이 나기 시작했다.

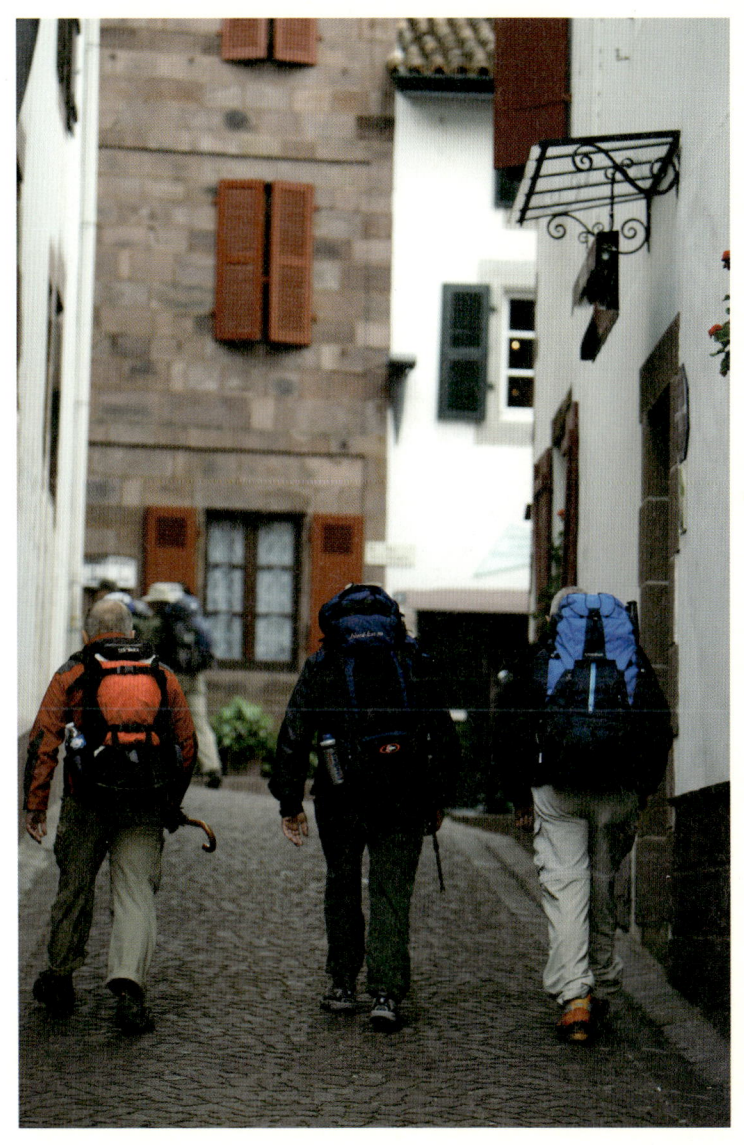

걸어야 할 길 790킬로미터

왜 카미노를 걷기로 했는지 묻는 이들이 많았다. 나는 대답하지 못했다. 뭐라고 대답해야 할지 몰랐기 때문이다. 일단 걸으며 생각해보기로 했다. 오늘 답을 찾을 수 없다면, 내일 생각해보자. 그래도 안 떠오르면 그 다음 날, 또 다음 날….

길을 나서자 '산티아고 데 콤포스텔라 790'이라는 표지판이 나를 압도했다. 790km를 걸어간 그곳에는 무엇이 있을까. 790km를 걸어간 나에게는 무엇이 남을까.

"어떤 종교든 신도들이 순례에 오르는 것은 우연이 아니다. 홀로 걸으며 생각을 하면서 근본적인 것에 도달할 수 있기 때문이다."—베르나르 올리비에

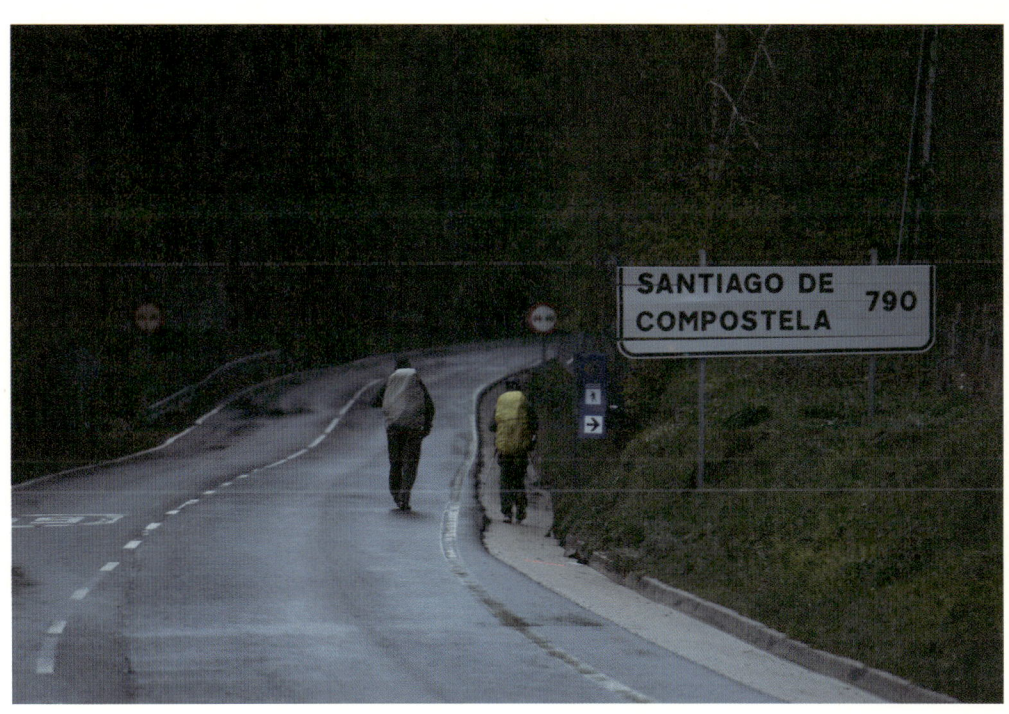

천천히, 천천히, 천천히

프랑스 길에서 가장 힘든 곳 중 하나라고 말하는 피레네 길. 이 길을 지나려면 끊임없는 오르막길을 따라 피레네 산 고개를 완전히 넘어가거나, 산을 둘러서 가는 두 가지 중 하나를 택해야 한다. 나는 산을 넘기로 했다. 그런데 3km나 걸었을까. 어깨와 무릎을 짓누르는 배낭과 카메라 가방의 무게에 견딜 수가 없었다. 결국 열 걸음 걷고 1분 쉬고, 스무 걸음 걷고 1분 쉬고를 반복하다가 털썩 주저앉고 말았다. '왜 이걸 견뎌야 하나, 그냥 택시를 부를까….'

넋을 놓고 있는데, 언덕 밑에서 작은 체구의 할아버지가 올라오고 있다. 빨갛게 상기된 얼굴로 아주 천천히. 나보다 훨씬 힘들어 보이는 할아버지가 내 앞에 멈춰서더니, 씨익 웃으며 작은 목소리로 말했다. "Slow, slow, slow."

멀어지는 할아버지의 뒷모습을 멍하니 바라보았다. 거북이처럼 천천히, 하지만 멈추지 않던 그가 나보다 훨씬 앞서 걷고 있었다. 천천히, 천천히, 천천히.

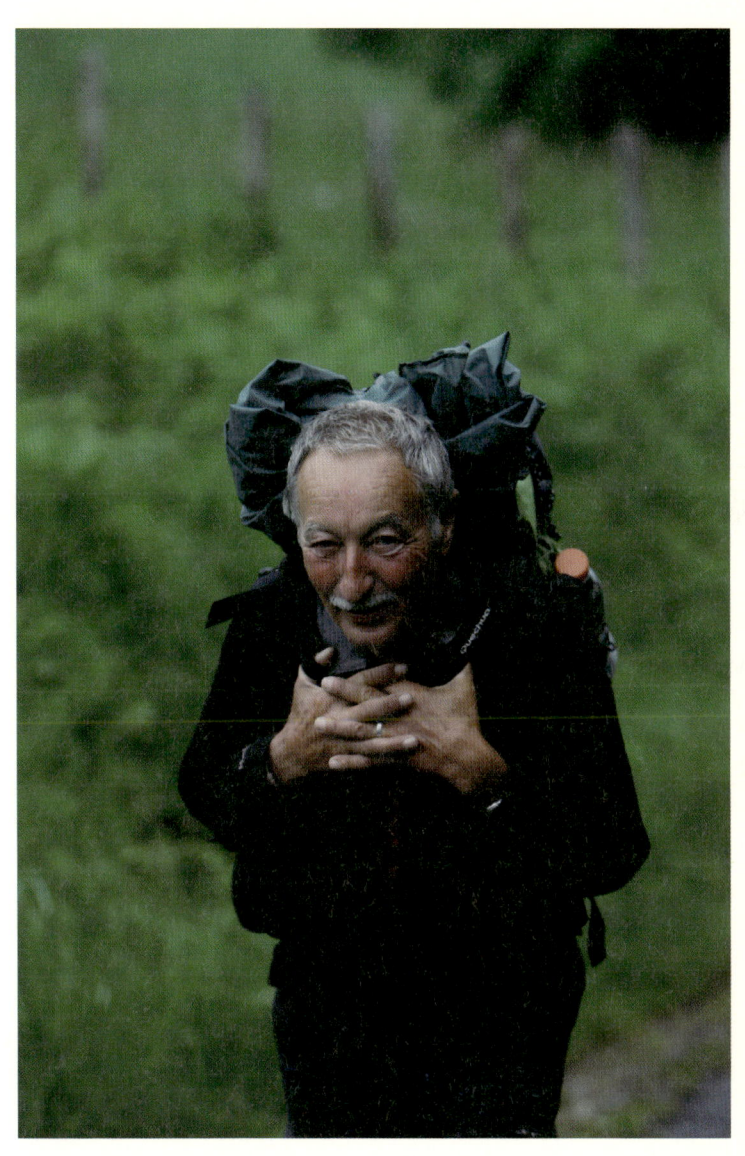

카메라 때문에 힘들고,
카메라가 있기에 행복하다

카미노를 걷는 이들의 배낭 무게는 8~10kg 정도다. 하루에 20km 이상 걸어야 하므로 단 100g이라도 줄여야 한다고들 조언한다. 그런데 내 배낭과 카메라 가방은 합쳐서 20kg에 육박했다. 게다가 묵직한 카메라로 매일 2000~2500장의 사진을 찍었다. 햇빛이 강해서 액정을 확인하기도 어렵고, 어깨 통증까지 생겨 움직임도 자유롭지 않았지만 그래도 셔터를 눌렀다. 어떤 날은 너무나 힘들어 카메라를 버리고 싶을 정도였다. 하지만 내가 걸을 수 있는 것 또한 카메라 덕분이었다. 말이 안 통해도 사진으로 소통할 수 있었고, 순례자들의 순간순간을 담아주었다. 그렇긴 해도 무거운 건 어쩔 수가 없었다. 이런 내 속도 모르고 지나가는 사람들은 큰 카메라를 보고 손을 흔들어 인사하거나 "Good!"이라며 엄지를 치켜세우곤 했다. 짐 무게로만 따지면 나는 진정한 순례자였다.

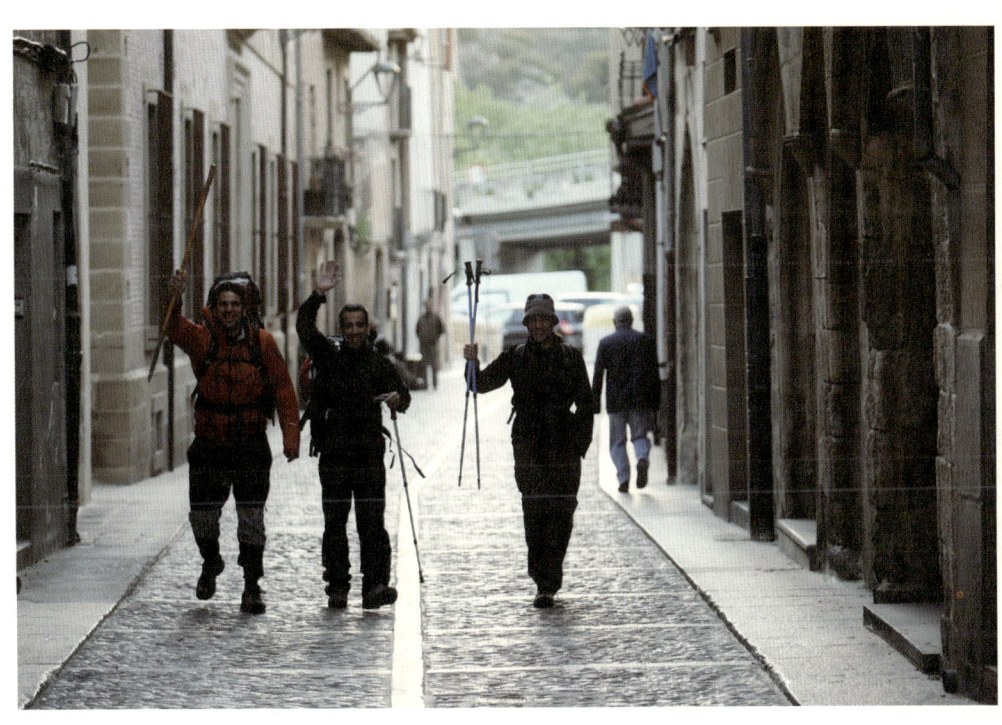

마음을 녹이는 말, 부엔 카미노

날씨가 좋지 않은 날은 알베르게를 나서는 발걸음이 천근만근이었다. 이 빗속을 어떻게 걸어야 하나 고민하며 길로 나섰을 때였다.

"부엔 카미노Buen Camino!"

단단히 준비한 부부가 손을 흔들며 인사를 건넸다. '부엔 카미노'는 원래 '좋은 길'이라는 뜻이지만, 이곳에서는 순례자들에게 행운과 축복을 기원하는 인사로 쓰인다. 카미노를 걷는 동안 하루에 수십 번, 아니 수백 번을 말하고 듣는 말이다. 환한 웃음과 인사에 무거웠던 발걸음이 가벼워진다. 오늘도 부엔 카미노!

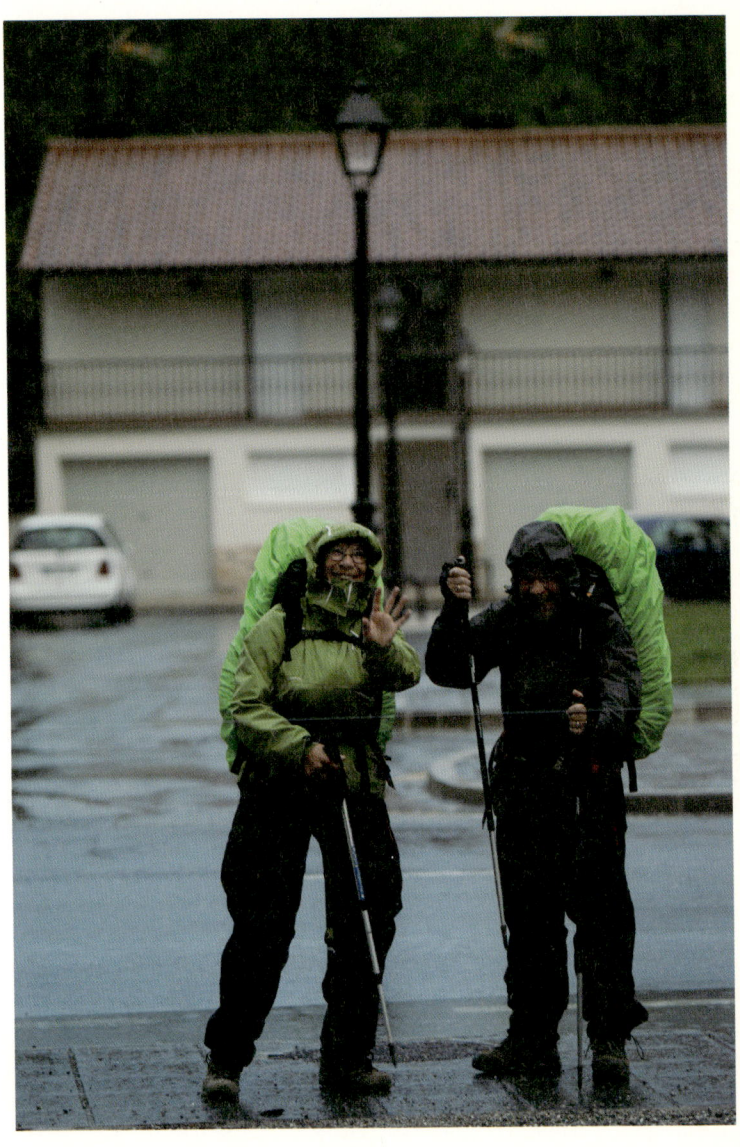

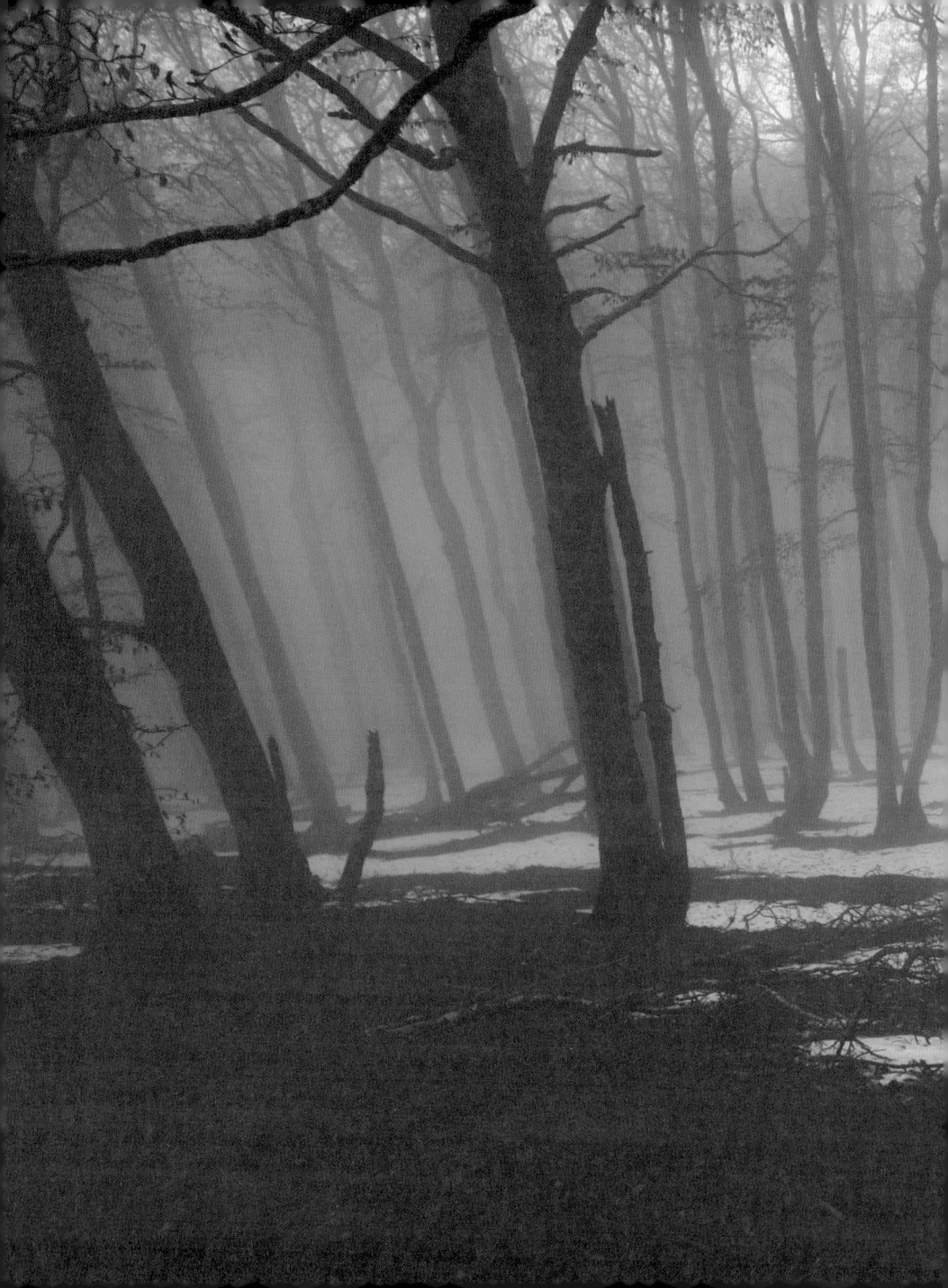

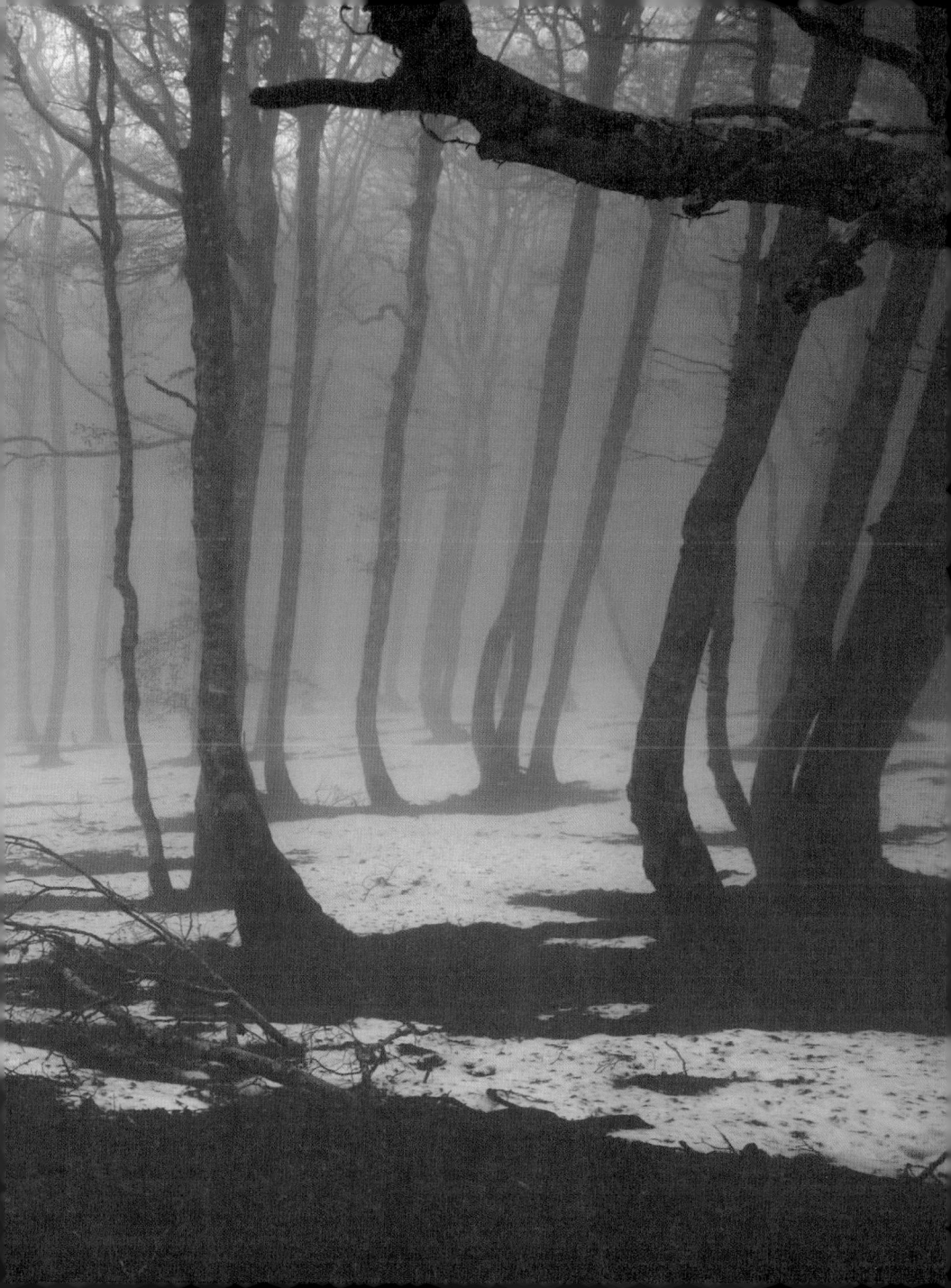

72시간 안에 결정된다

걷기 시작한 첫날은 모두 기운이 넘친다. 이틀째에도 몸은 힘들지만, 어제의 의지를 담아 걸으니 견딜 만하다. 하지만 사흘째에 고비가 찾아온다. 몸은 표현할 수 없을 만큼 지치고, 마음은 걸을 수 없는 이유를 합리화하기 시작한다. 이 길을 계속 걷느냐 마느냐, 산티아고 대성당에 도착하느냐 마느냐는 어쩌면 72시간 내에 결정되지 않을까 싶을 정도다.

순례자 협회에 따르면 모든 구간을 건너뛰지 않고 걸어서 산티아고에 도착하는 사람은 출발한 사람 중 15퍼센트가 되지 않는다고 한다. 중요한 것은 누가 어떤 선택을 하든 그것에 대해 왈가왈부하는 사람이 없다는 거다. 산티아고 순례길의 불문율과 같다. 걷는 것도, 멈추는 것도 하나의 선택일 뿐이다.

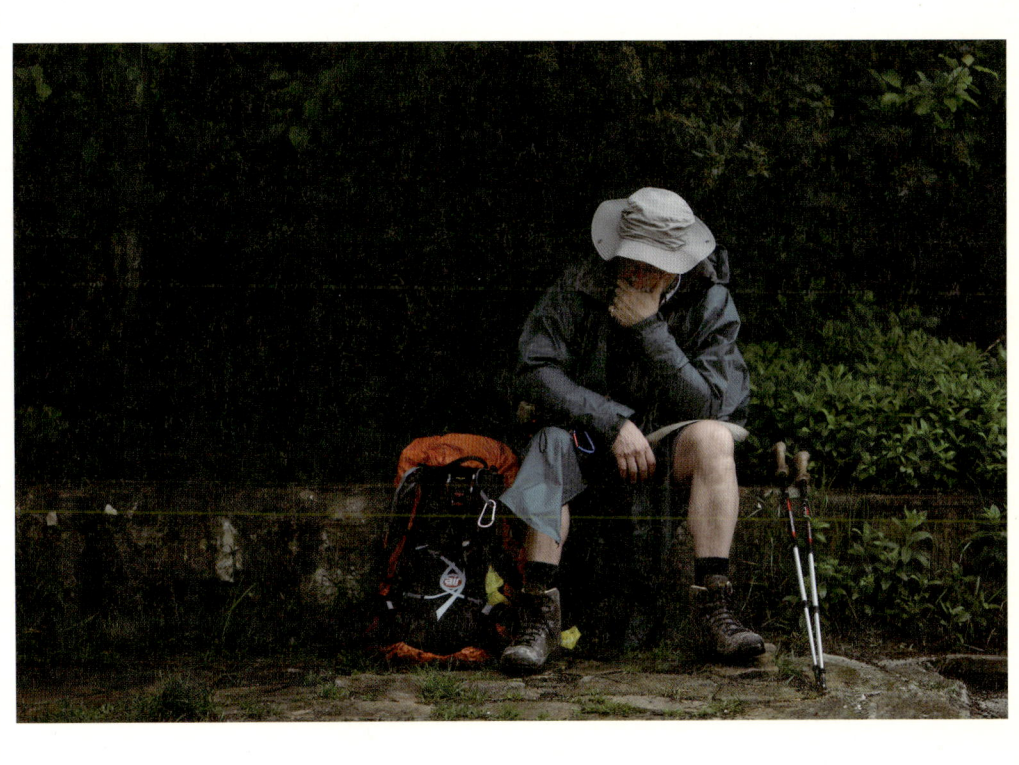

모든 순례자가 피할 수 없는 고민

내가 왜 여기에서 이 고생을 하고 있는 걸까? 다른 순례자들도 같은 생각을 할 것이다. 왜 걷는지, 왜 이곳에 왔는지, 왜 돈을 써가며 사서 고생을 하는지. 돈과 시간만 있다면 이곳에서도 충분히 배부르게 먹고 편히 잠도 많이 잘 수 있는데 말이다.

길을 걸으며 무슨 생각을 하냐고 묻는 이들이 있다. 보통 이런 생각들을 하며 걸었다. ① 먹고 싶은 음식들. 김치찌개, 소주, 삼겹살, 떡볶이, 된장찌개, 고추장, 냉면 등등. ② 산티아고 대성당까지 몇 km 남았을까? ③ 대체 내가 왜 걷고 있는 걸까?

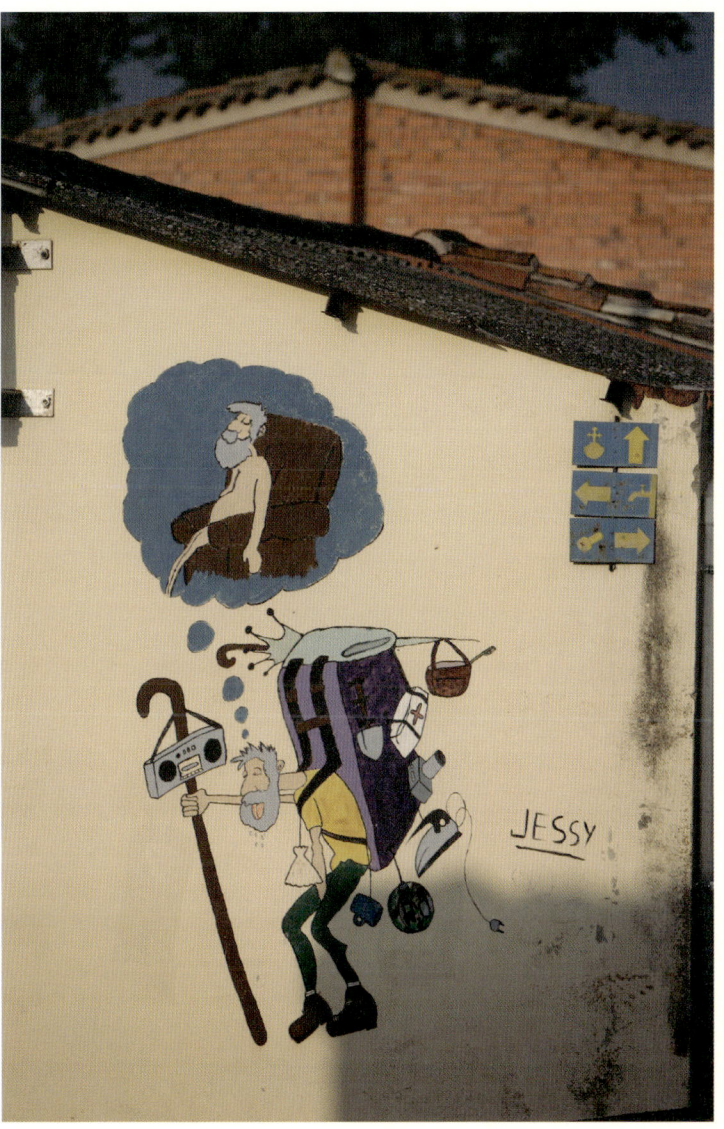

당나귀 동키를 만나다

아주 오래전, 몸이 불편하거나 돈이 좀 있는 순례자들은 동키(당나귀)에 짐을
싣고 이 길을 걸었다고 한다. 운 좋게도 예전 방식으로 동키와 함께 걷는 노부부
를 만났다. 동키의 이름은 '말리'. 풀을 뜯어 먹으며 타박타박 여유롭게 걸어온
다. 신기해하며 셔터를 눌러대자 자기가 모델인 걸 아는지 멈춰 서서 포즈를 취
했다. 노부부는 연신 웃음을 터뜨렸다. 나 역시 말리 덕분에 고됨을 잠시나마 잊
을 수 있었다. 그런데 말리야, 내 짐도 좀 도와주지 않겠니?

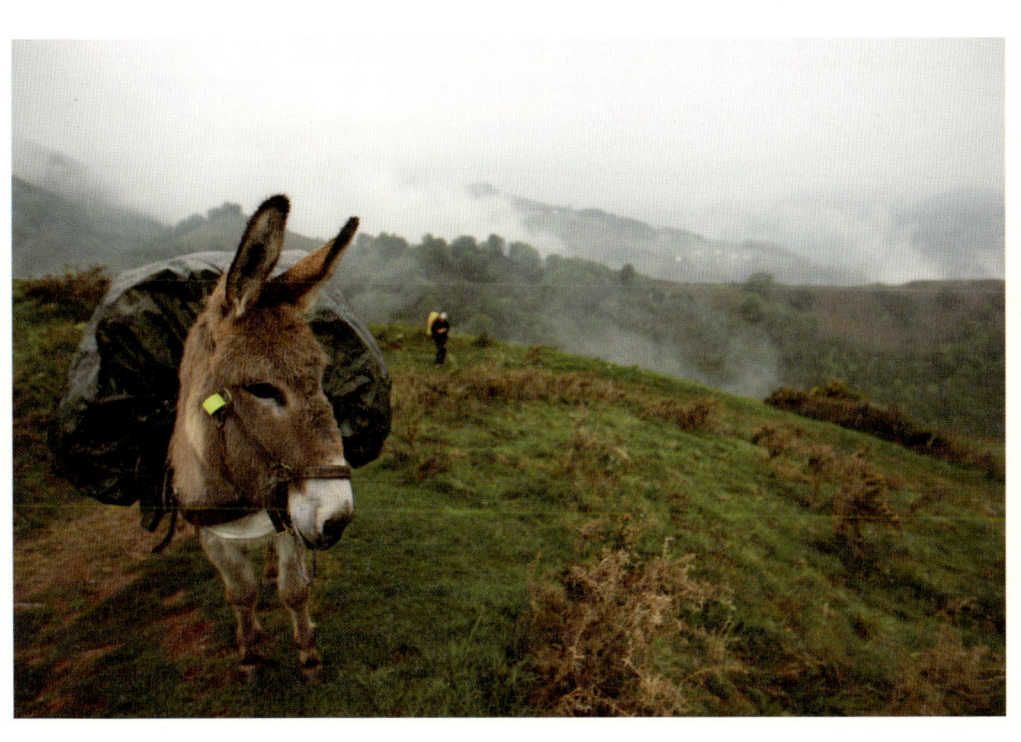

지친 옷도 쉬어 가는 시간

알베르게에 도착하면 가장 먼저 사무실에 들러 순례자 여권을 보여주고 등록을 마친다. 침대를 배정 받고 (혹은 차지하고) 짐을 푼 다음 샤워를 하고 그날 입었던 옷을 빨래한다.

빨랫줄은 늘 빈 공간을 찾기 어렵다. 그럴 땐 가장자리 빨래부터 1cm씩 살짝살짝 옆으로 옮긴다. 걸려 있는 모든 것들을 조금씩 당기면, 딱 빨래 하나를 널 만한 공간이 나온다. 뿌듯한 마음으로 옷을 널고 돌아서면 나보다 늦게 도착한 누군가가 또 조금씩 당겨 공간을 만들곤 했다. 이렇게 빨래까지 제 자리를 찾으면, 카미노 순례자들의 공식적인 일과가 마무리되었다. 그러면 비로소 따뜻한 햇빛 아래 지친 몸도 옷도 쉬는 시간을 누릴 수 있었다.

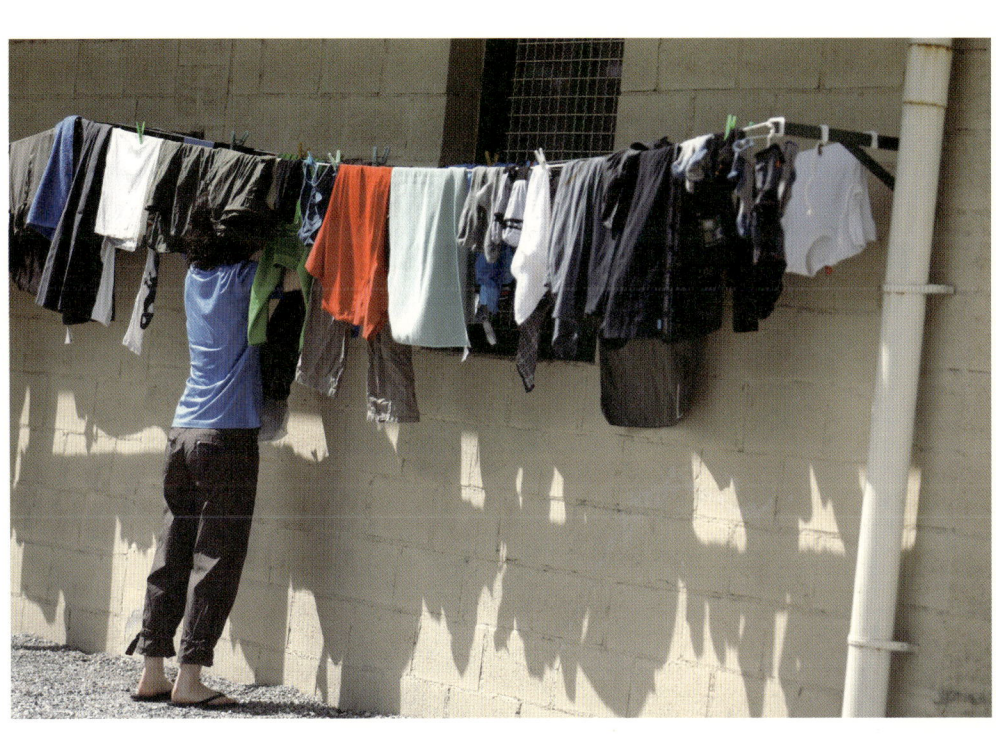

무엇이 우리를 걷게 하는 걸까

그녀는 웃는다. 발에는 물집이 가득해 마치 헌옷을 기워 입은 듯 여기저기 반창고투성이다. 물집 안에 물집이 또 생겨 엄청나게 고통스러운 상태라고 했다. 그녀가 잠시 걸음을 멈추고, 짓누르던 짐을 내려놓고, 햇볕에 발을 말린다. 그러고는 웃으며 이야기한다. "걱정 마요. 그래도 난 걸을 수 있어요."

무엇이 우리를 걷게 하는 것일까.

"이유는 없다. 나는 아무런 걱정도 하고 싶지 않다. 나는 걷기 위해서 걷고, 내가 걷는다는 것도 잊고, 남들이 나를 보는 것도 원하지 않는다." ―이브 파칼레

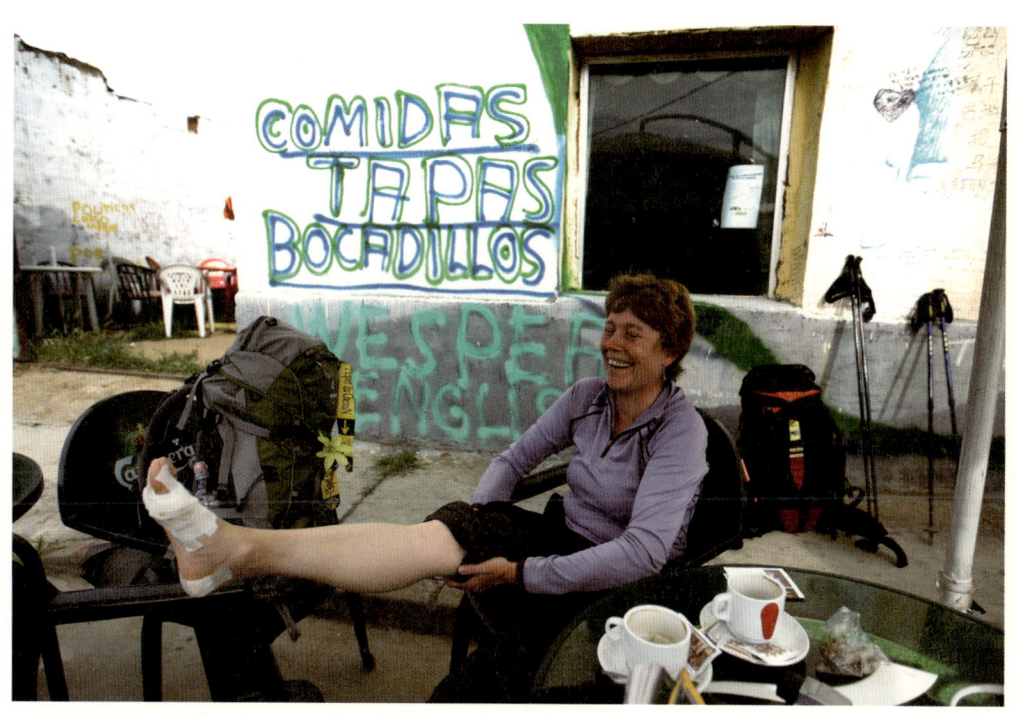

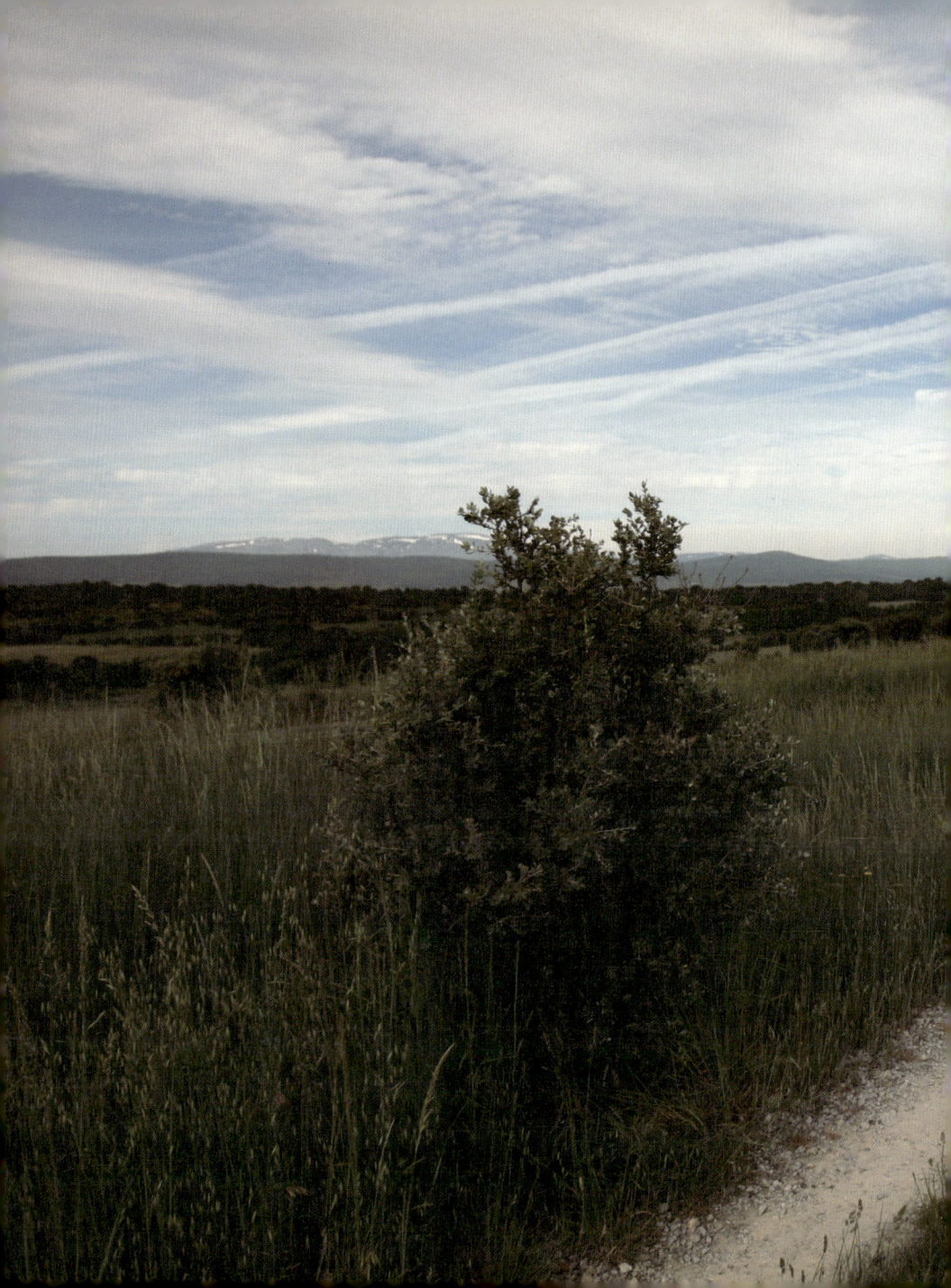

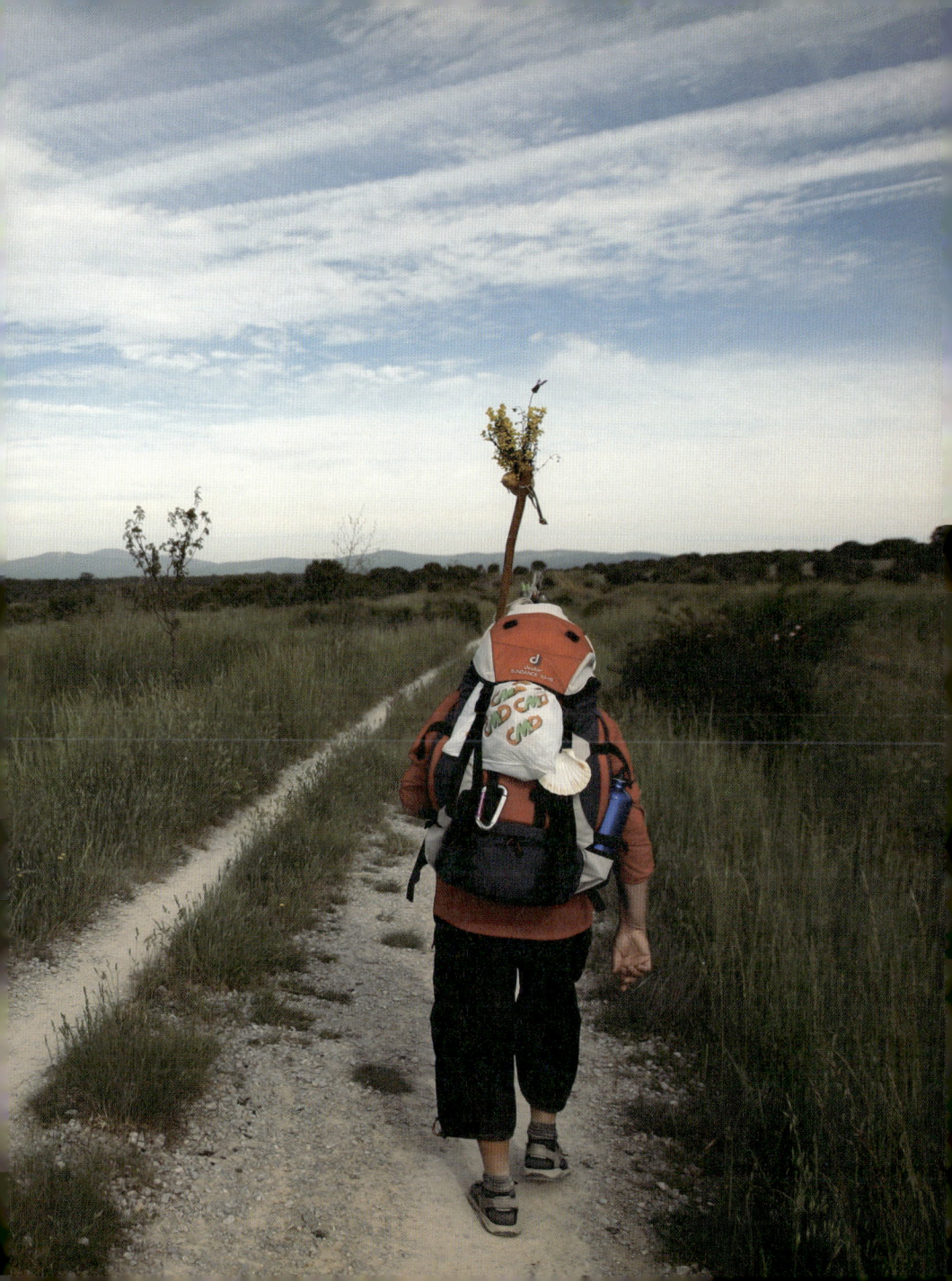

그렇게 서로를 알아간다

함께 걷기로 약속한 것도 아닌데, 걷다 보면 늘 만나는 사람이 있다. 비슷한 속도로 비슷한 목표를 두고 걷기 때문이다. 그렇게 며칠을 함께 걷고 나면, 신기하게도 그 사람만의 패턴을 알게 된다. 마치 자신은 잘 모르지만 주변 사람들이 '넌 그럴 때 이러더라' 하고 말하는 것처럼 말이다.

길에서도 마찬가지다. 저 친구 쉴 때가 되었는데, 하면 곧 그늘로 몸을 숨기고 쉰다. 물 마실 때가 되었는데, 하면 어김없이 물을 마신다. 우리는 그렇게 서로를 알아가고 있는 것일지도 모르겠다.

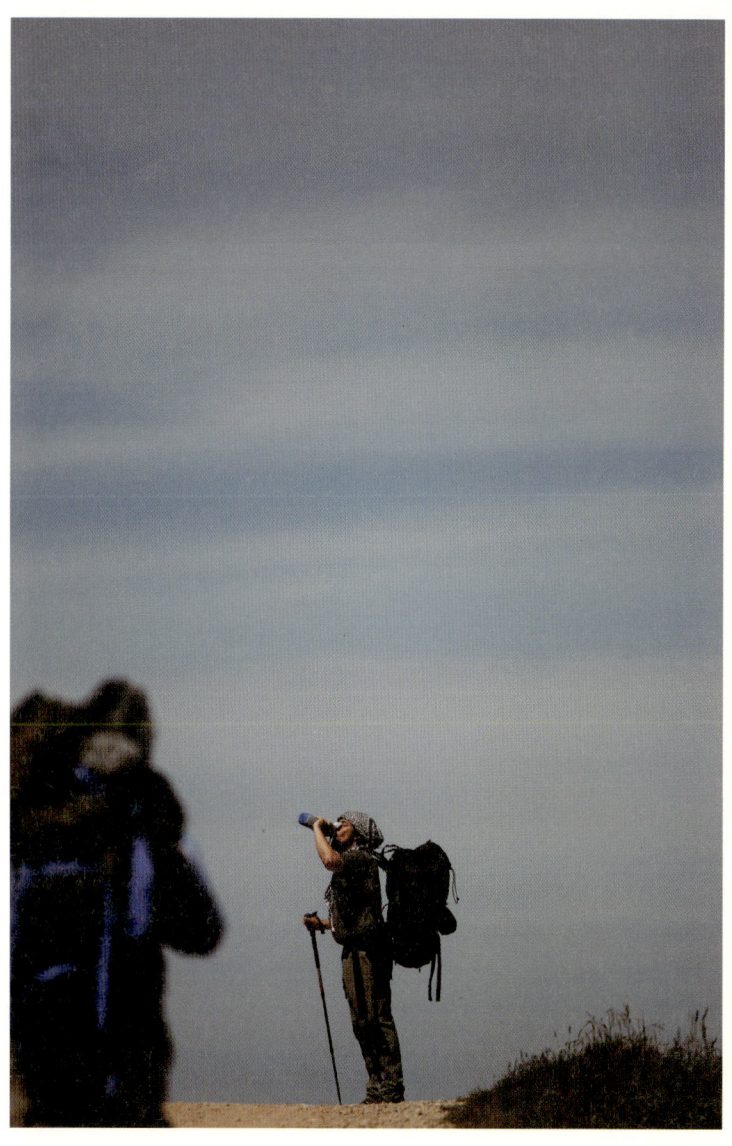

누구에게 더 힘든 길이었을까

걸어가는 사람이 자전거를 탄 사람의 등을 토닥인다. 두 사람 중 누가 더 힘든가
는 상대적인 문제이므로 단정할 수 없다. 오직 같은 길을 가고 있다는 것만 말할
수 있을 뿐이다. 누가 더 힘든지 누가 더 편한지 따지지 않고 서로 격려하면서,
그렇게 우리는 걷는다.

걸을 땐 많은 말이 필요 없다. 딱 한마디면 충분하다. "괜찮아?" "고생했어." 누
군가에게 가장 듣고 싶은 말이자, 위로할 수 있는 말. 그거면 충분하다.

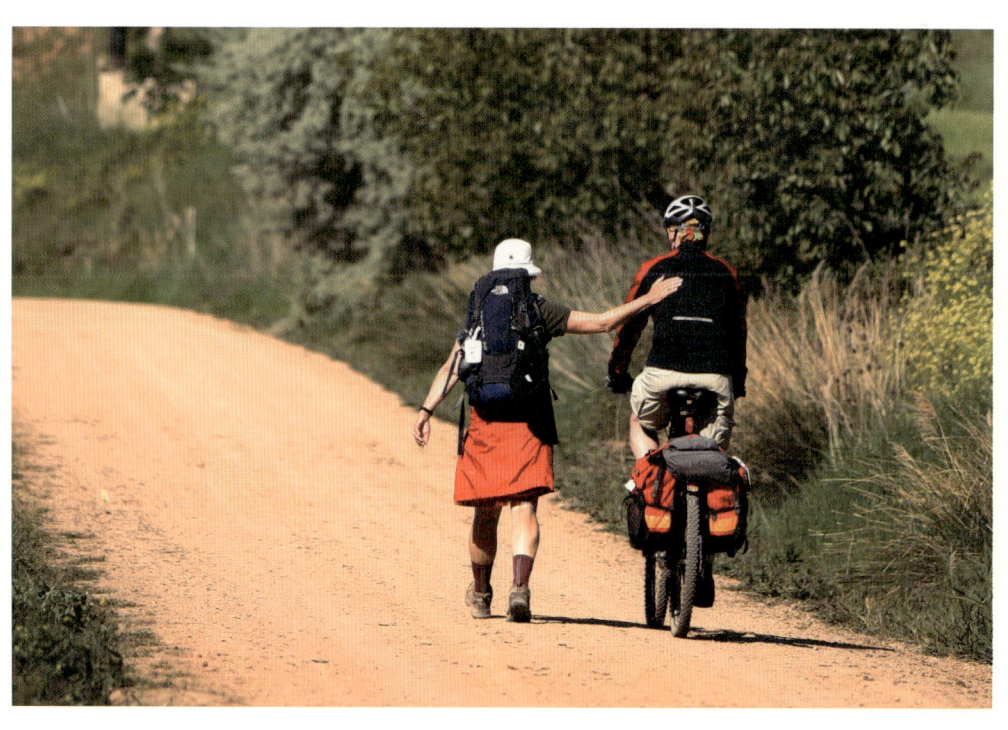

걷는 사람을 찍는 법

걷는 사람을 찍는 건 어려운 일이다. 저 앞에 내가 찍고자 하는 장면이 보인다면, 그 즉시 필요한 렌즈로 갈아 끼우고, 카메라를 조작해야 한다. 그 사람은, 그 장면은 기다려주지 않는다. 사진을 찍겠다고 순례자들의 걸음을 멈춰 세울 수도 없는 일이다.

사진을 찍는 사람도 걸음을 멈출 수 없다. 내가 멈추면 찍고자 하는 대상과의 거리가 달라지고 구도가 바뀐다. 걷다가 만난 풍경은 멈춰 서서 찍을 수 있지만, 사람을 찍으려면 그와 속도를 맞춰 걸으며 셔터를 누르는 수밖에 없다. 당연히 사진은 흔들리기 일쑤다. 사진 하나하나에 신중하게 신경 쓰고 싶어도 그게 쉽지 않다. 하지만 그 사람과 같은 길에서 같은 속도로 걷는다는 것, 그것이야말로 진정한 걷는 사진이 아닐까.

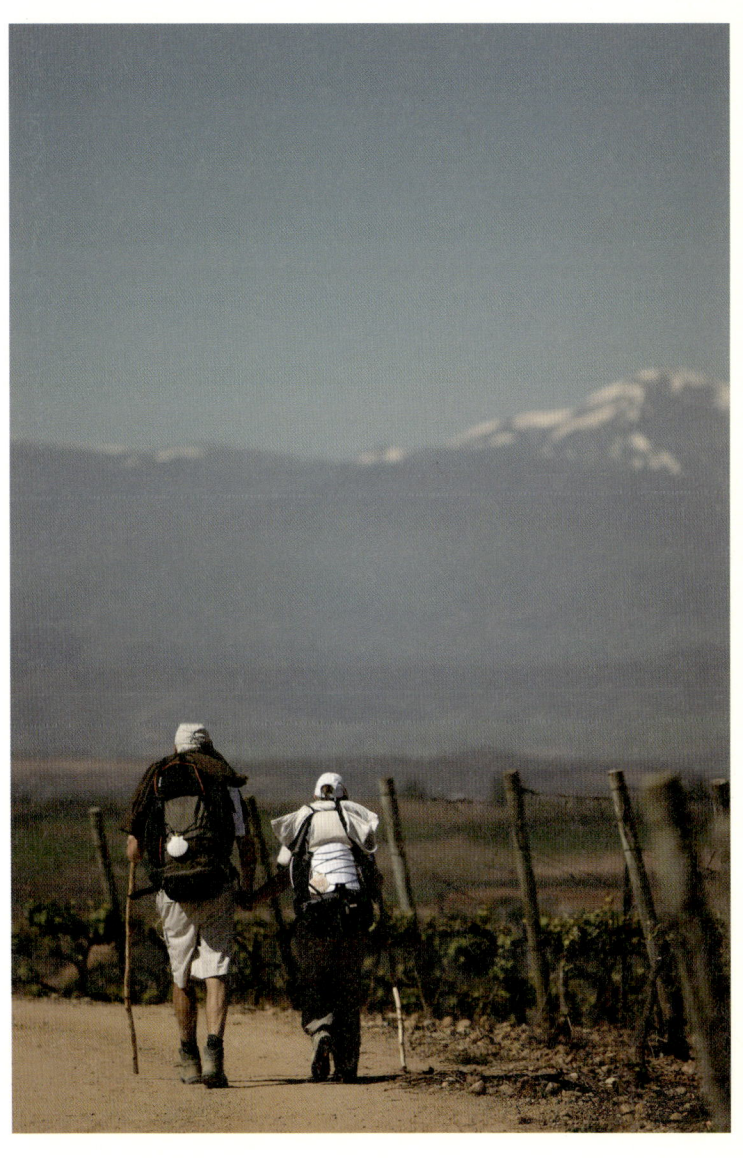

행복의 크기는 다양하다

평소에는 느끼지 못했거나 신경 쓰지 않았을 작은 것들이 크게 다가오는 곳이 카미노다. 자판기 커피의 양이 생각보다 많을 때, 늦게 말린 빨래가 금방 말랐을 때, 기다리지 않고 바로 샤워할 수 있을 때, 갈증이 난 순간 누군가 오렌지 한 쪽을 떼어줄 때. 어린아이처럼 밝게 웃는 내 모습이 나조차 낯설지만, 정말 행복한 순간들이다.

오후 6시가 넘어 몇몇 순례자들이 알베르게에 도착했다. 하지만 숙소는 이미 가득 찬 상태였고, 다시 길을 나서기에도 너무 늦은 시간이었다. 어쩔 수 없이 건물 밖에 임시로 놓은 침대를 얻은 그녀. 그것만으로도 행복해한다. 행복의 크기는 참 다양하다.

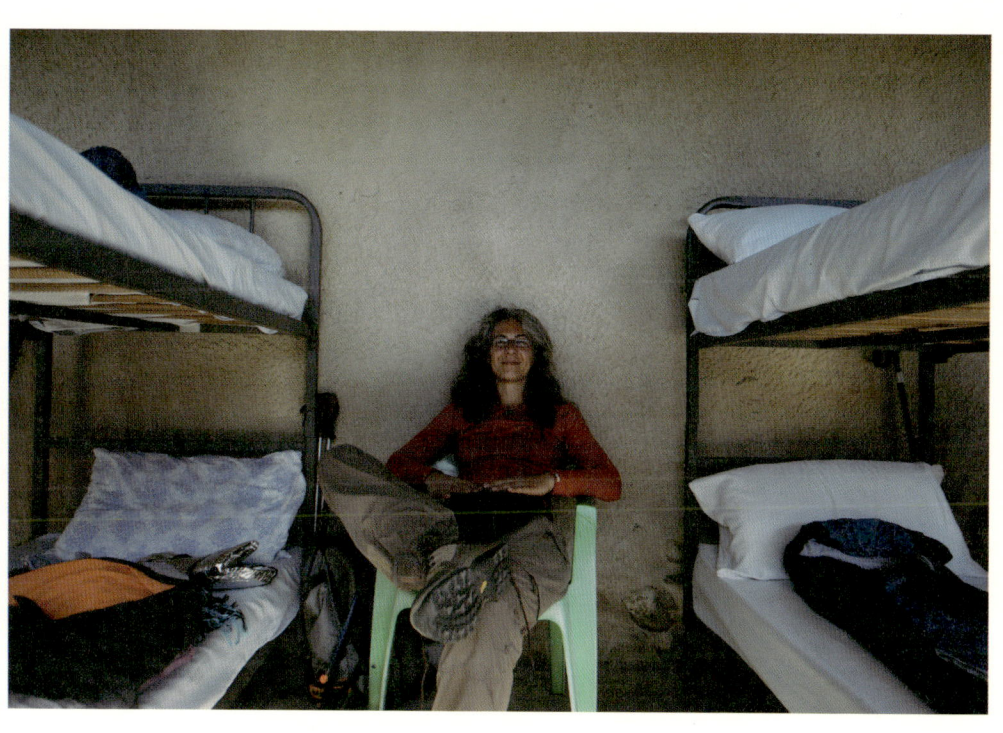

멋진 음악이 없어도

일찍 일정을 마친 날은 알베르게 주변 마을을 걸어다녔다. 마을 성당 주변의 광
장을 둘러보는데, 한 꼬마 여자아이와 아버지가 춤을 추고 있다. 아버지의 리드
에 따라 움직이는 아이의 동작이 약간은 어설프지만, 무척 즐거워 보였다. 얼굴
에 티 없이 맑은 웃음이 가득하다. 멋진 음악이 없어도, 서투른 동작이어도 그들
만의 리듬으로 텅 빈 광장이 가득 차는 듯했다.

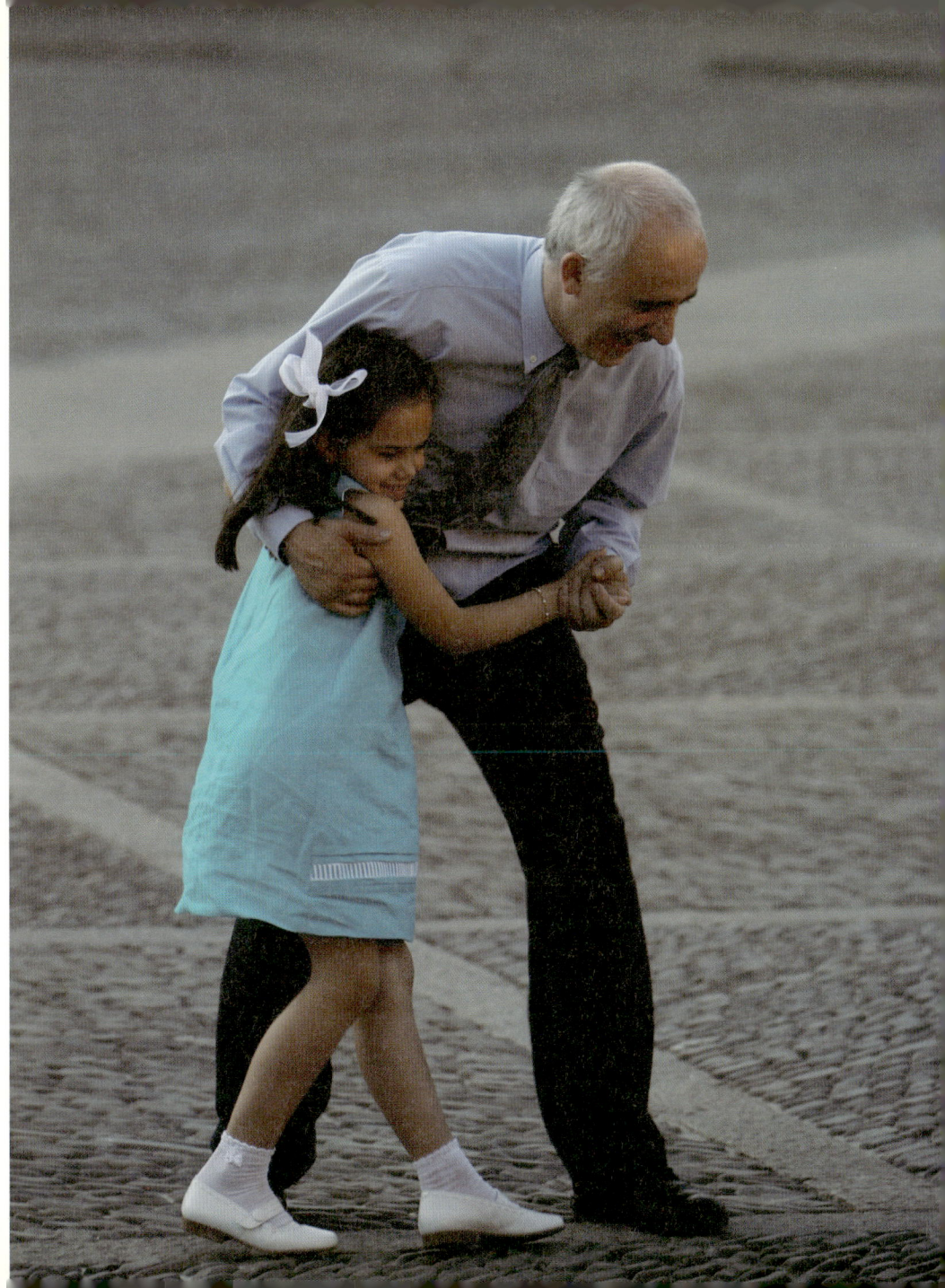

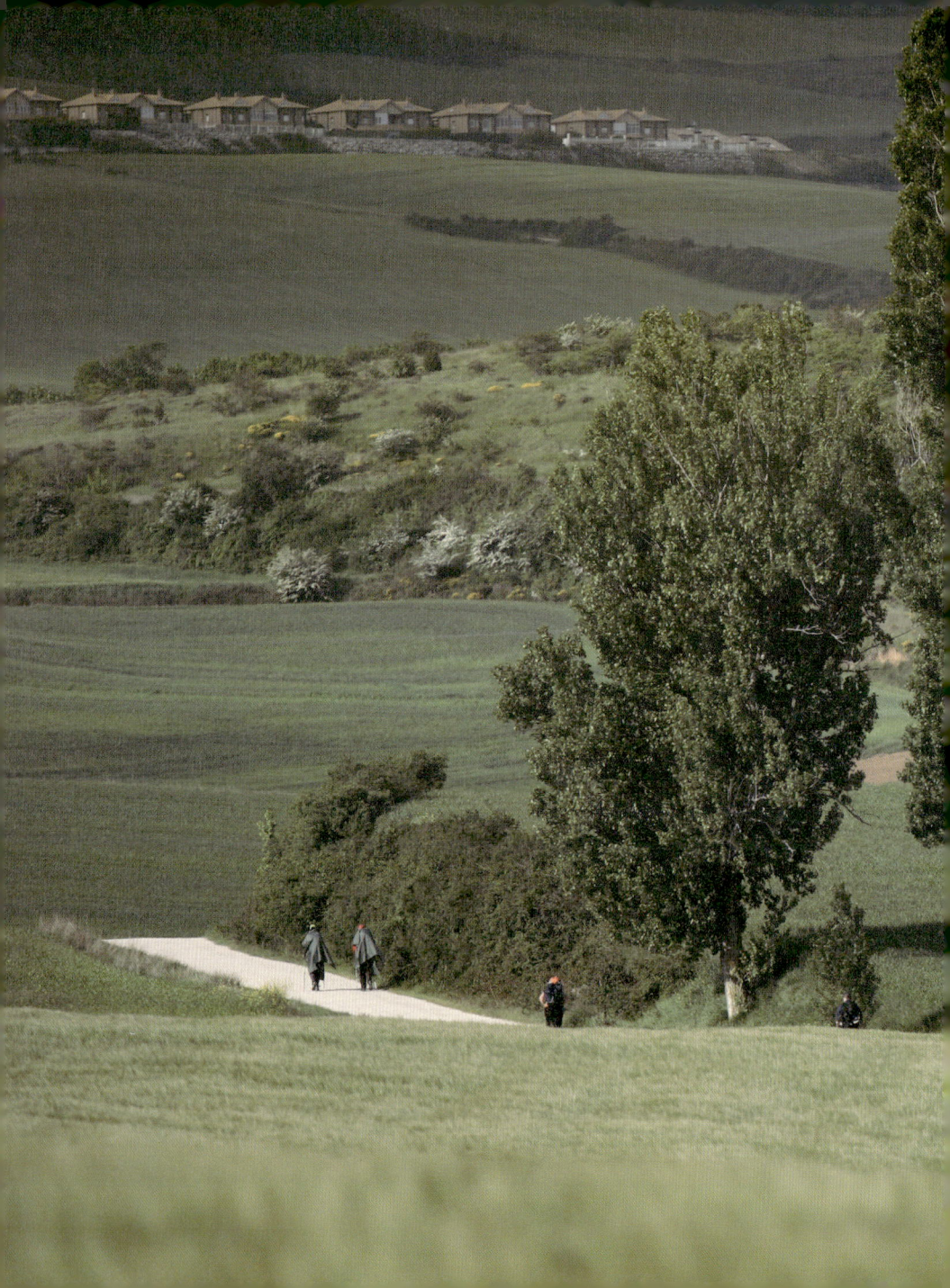

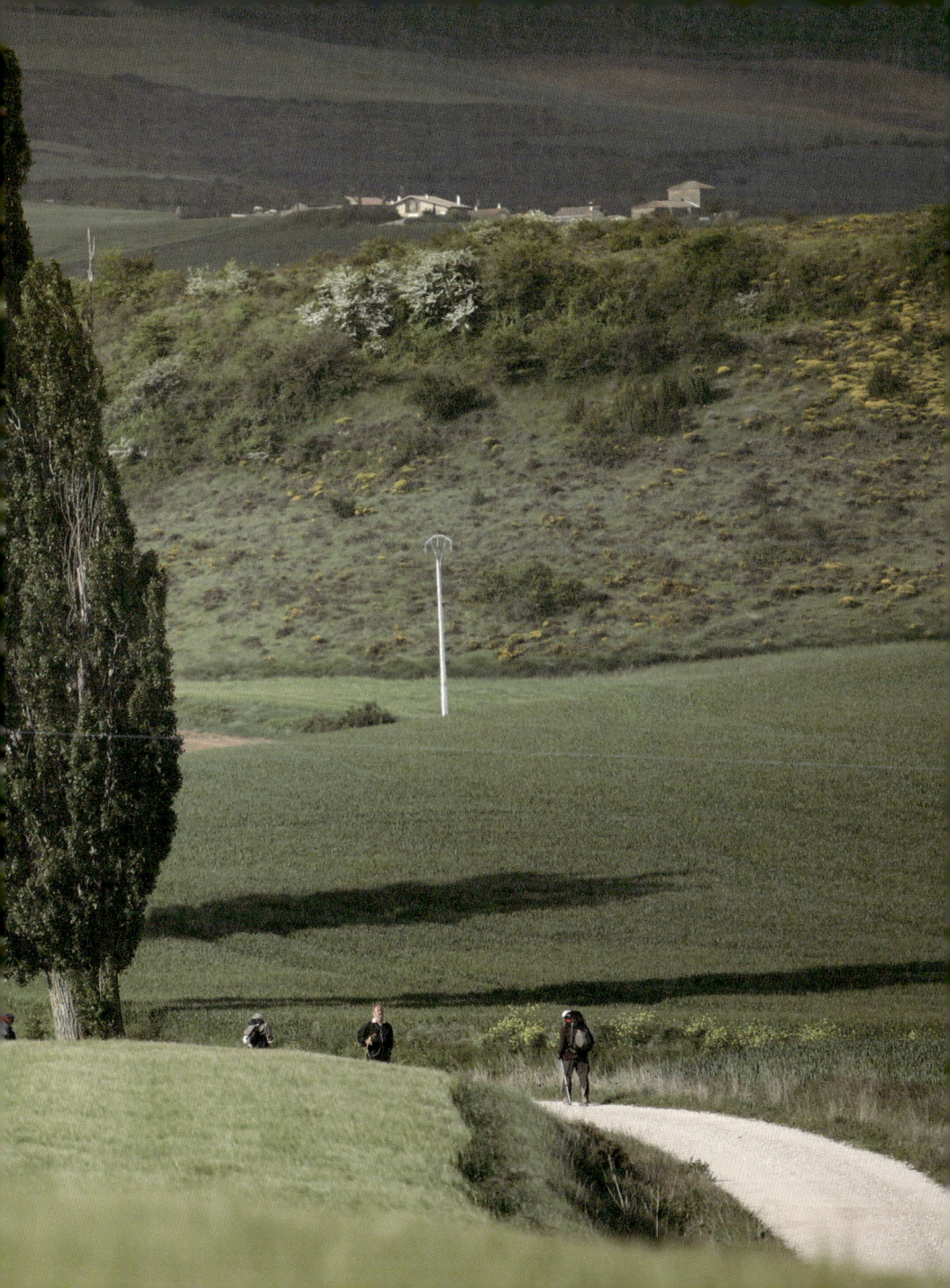

길 위에서는 누구나 변한다

카미노를 걷기 시작하고 처음 며칠간 순례자들의 표정은 하나같이 굳어 있다. 몸은 생각한 것보다 훨씬 고되고, 마음엔 800km를 걸어야 한다는 압박감이 가득하다. 정말 완주를 할 수 있을지 자신을 의심하다가 다시 결심하기를 반복하는 사람들의 표정은 비장하기까지 하다.

그러다가 일주일쯤 지나면 표정이 변한다. 몸은 여전히 힘들어도 어느 정도 적응되었고 마음에 여유도 생긴다. 사뭇 밝아진 그들의 표정을 찍다가 나는 지금 어떤 얼굴을 하고 있나 떠올려보았다. 나도, 그들처럼 웃고 있었다. 사진을 찍는 것이 아니라, 거울을 보는 듯한 기분이었다.

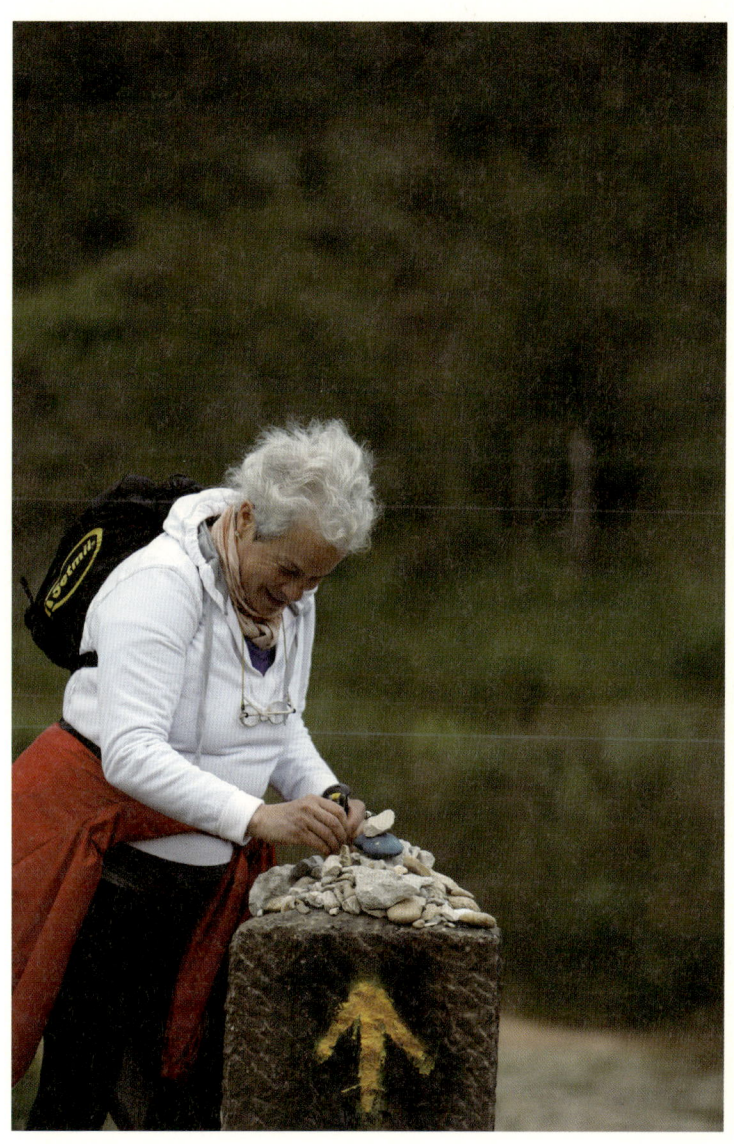

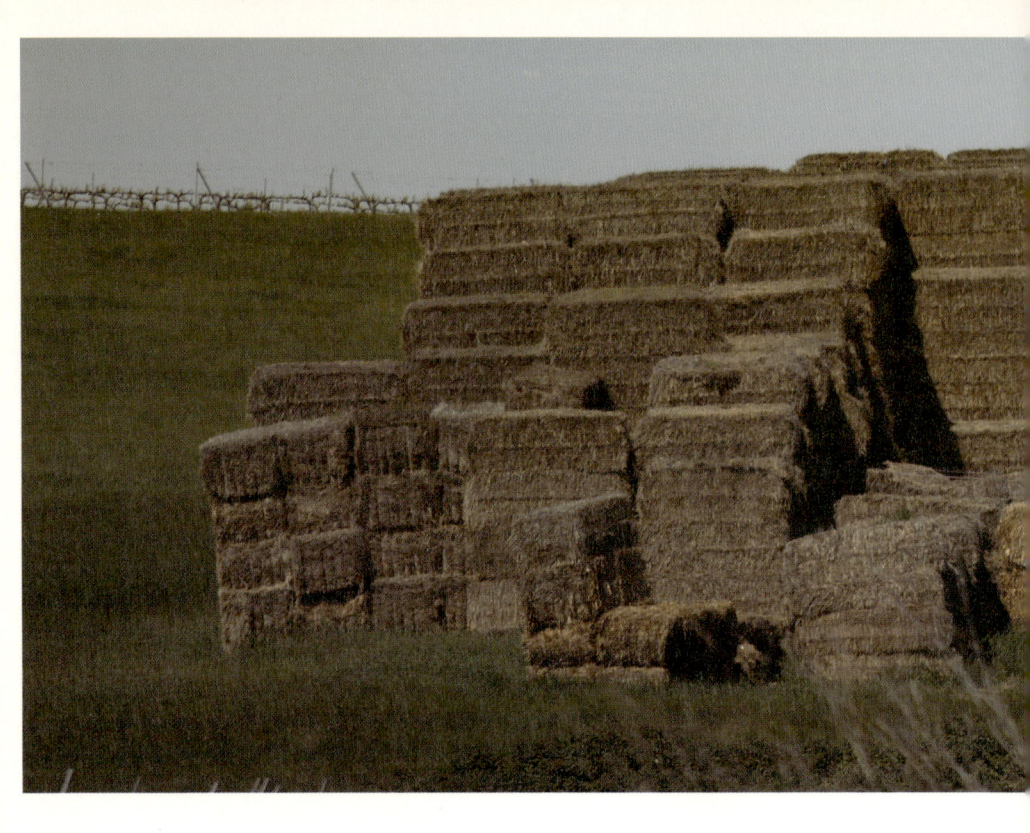

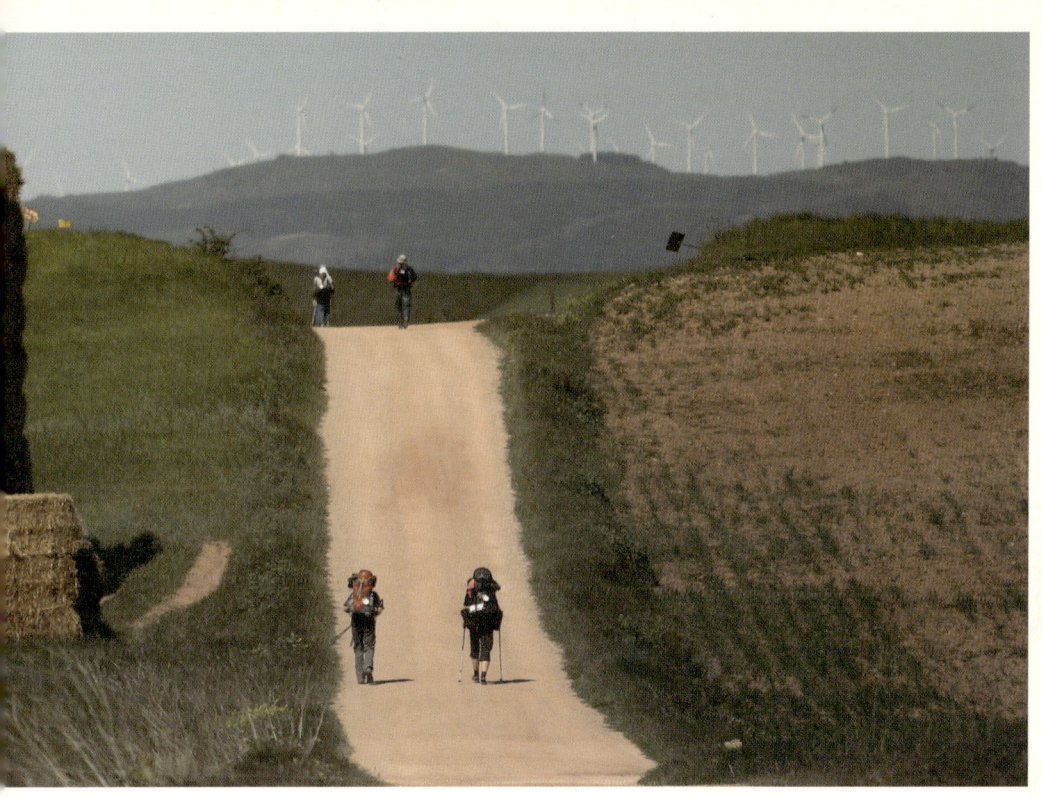

걷는 것에는 꿈이 담겨 있다

"걷는 것에는 꿈이 담겨 있다. 그래서 잘 짜여진 사고와는 그리 잘 어울리지 않는다. 그런 사고는 고운 모래밭에 말랑말랑한 베개를 베고 누워 반쯤 눈을 감고 명상을 한다거나, 솔밭에서 낮잠을 청할 때 더 잘 이루어진다. 걷는 것은 행동이고 도약이며 움직임이다." ─베르나르 올리비에

이것만큼은 타협하고 싶지 않다

이 길을 걷기 위해 떠나올 때 누군가 "포기해도 된다. 누구도 뭐라고 하지 않는다. 너무 힘들면 버스를 타고 이동해라. 꼭 전 구간을 걸어야 하는 건 아니다"라고 말해준 적이 있다. 그래, 포기해도 누가 나에게 뭐라고 하지 않는다. 그런데, 죽도록 힘들고 무릎이 아프고 어깨가 짓눌려도 내 발로 걷고 싶은 이 미련한 고집은 뭘까. 이것만큼은 자신과 타협하지 않고, 두려움에 양보하지 않고 꿋꿋이 걸어가고 싶다. 이 길을 1m도 빼놓지 않고 내 발로 밟으며 지나고 싶은 마음뿐이다. 두 발로 길을 다지듯이, 그렇게 꾹꾹.

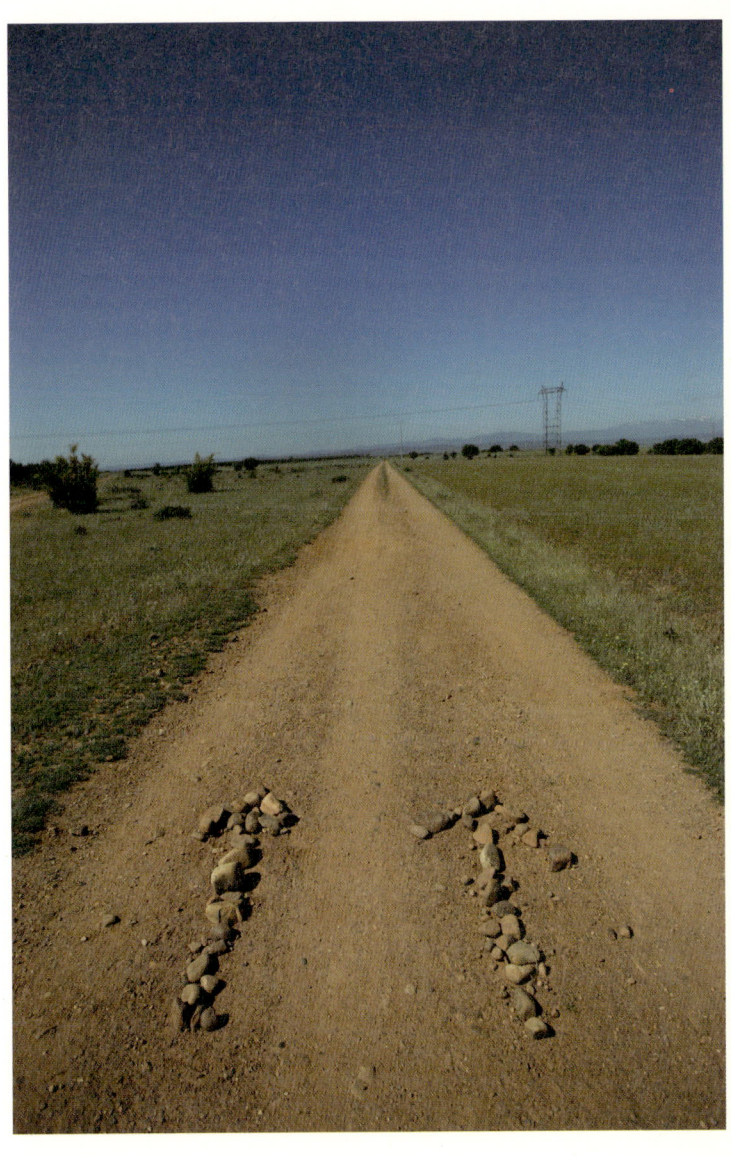

소중한 깨달음

걸어보면 그제야 알게 된다. 어깨, 허리, 허벅지, 무릎, 발… 몸이 느끼는 고통을
오롯이 겪으며 내 몸에 대해 생각하고, 반성하게 되는 거다.

평소 자신의 몸무게로만 생활하던 사람들이 배낭을 메고 걷기 시작하면, 그 하
중에 가장 먼저 영향을 받는 게 어깨와 무릎이고 그 다음은 발이다. 걷기 시작한
후 빠르면 사흘, 늦어도 일주일이면 발에 물집이 잡힌다. 한번 물집이 생기면 계
속 관리해줘야 하는데, 소홀히 하면 재발해서 걷는 내내 괴롭다. 그래서 순례자
들은 누구나 발에 가장 신경을 쓸 수밖에 없다. 결국 우리는 발로 걷고 있는 거
니까.

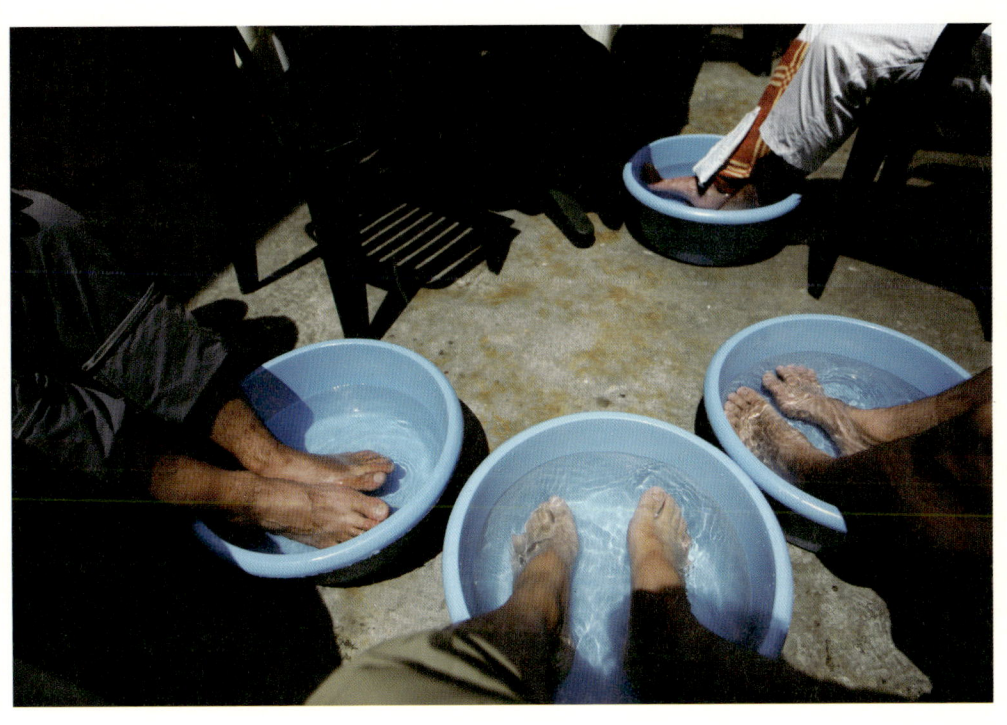

당신이라면 웃지 않았을까요

모두가 잠자리에 드는 시간, 밤 10시. 누군가 웃기 시작했다. 왜 웃는지 이유는 모른다. 그런데 그 소리가 웃겼다. 나도 웃음이 났다. 한 명의 웃음소리가 두 명으로, 세 명으로, 1층에서 2층으로, 이 침대에서 저 침대로 건너가며 방 안 가득 웃음으로 물들더니 어느새 모두가 웃고 있었다. 웃음바다가 된 알베르게.

오늘의 힘겨웠던 발걸음을, 가슴속에 웅어리진 막막함을, 두고 온 고향 땅과 가족들에 대한 그리움을 그 웃음바다에 띄워 보낸다. 무려 10분 정도 웃음 소동이 일었다. 조금씩 잦아들던 웃음이 이윽고 가라앉자, 언제 그랬냐는 듯 금세 코 고는 소리가 여기저기에서 들려왔다. 그렇게 또 하루가 지나갔다.

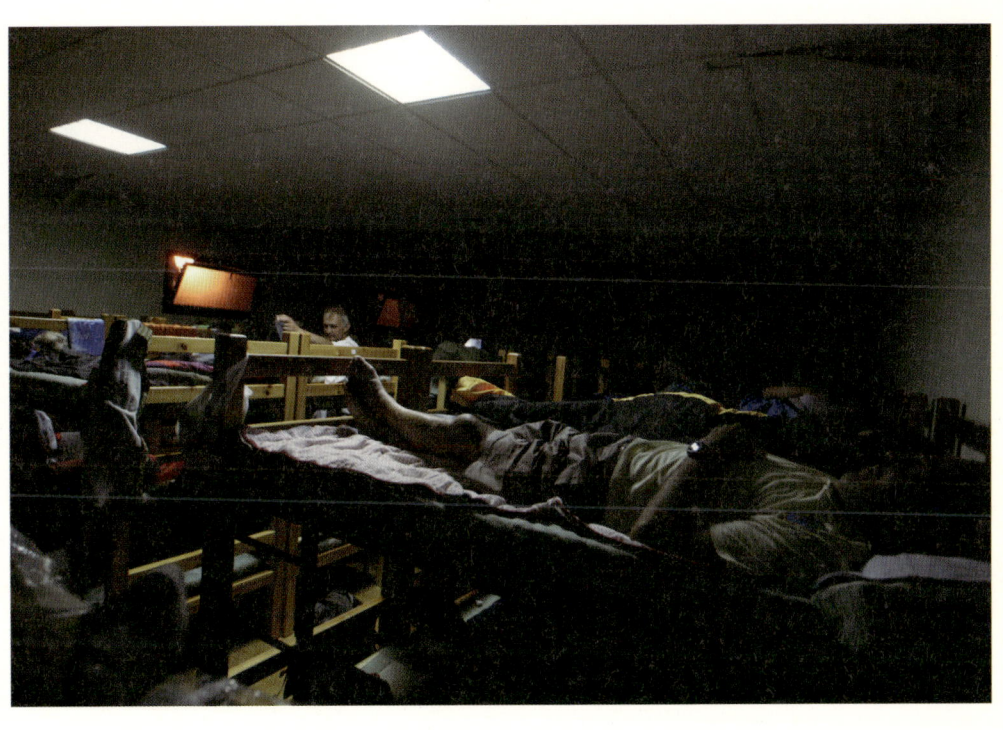

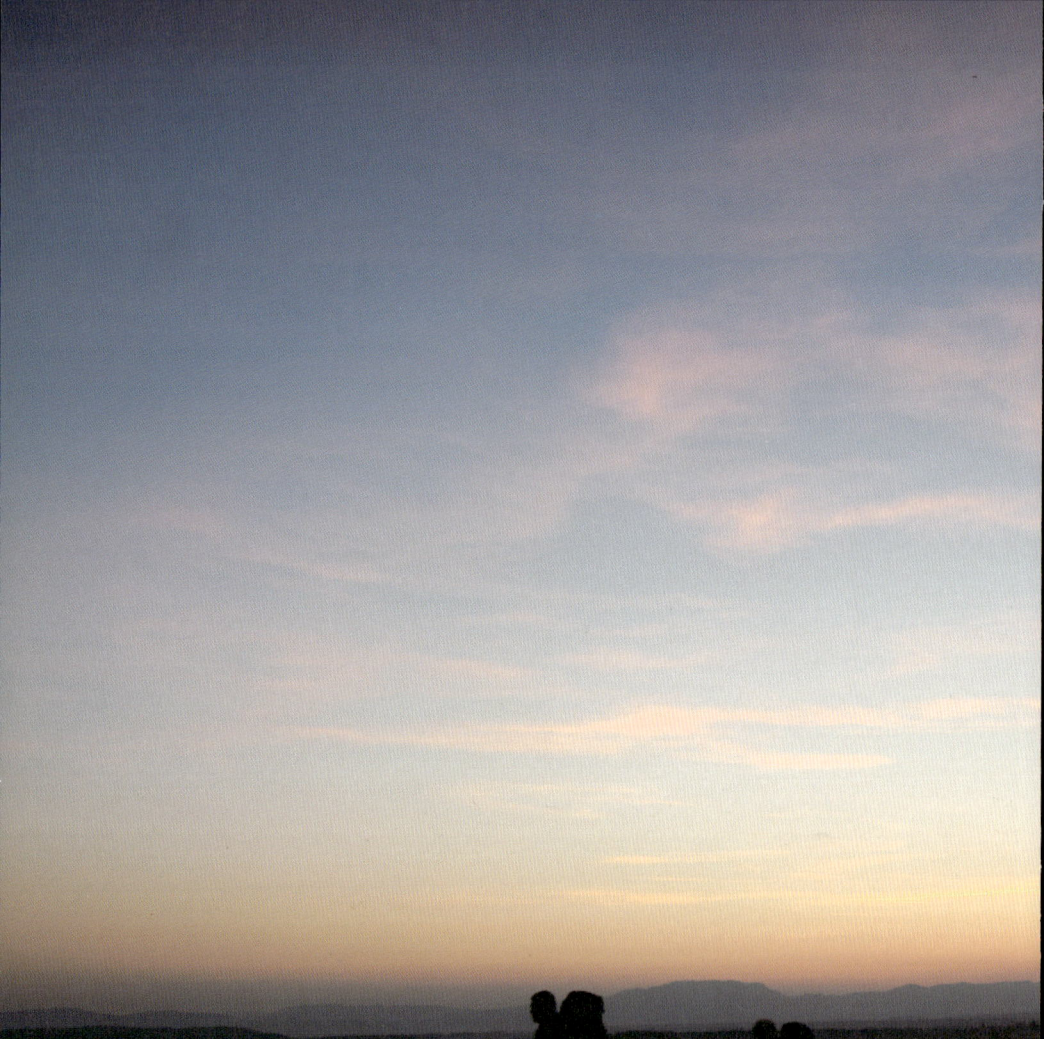

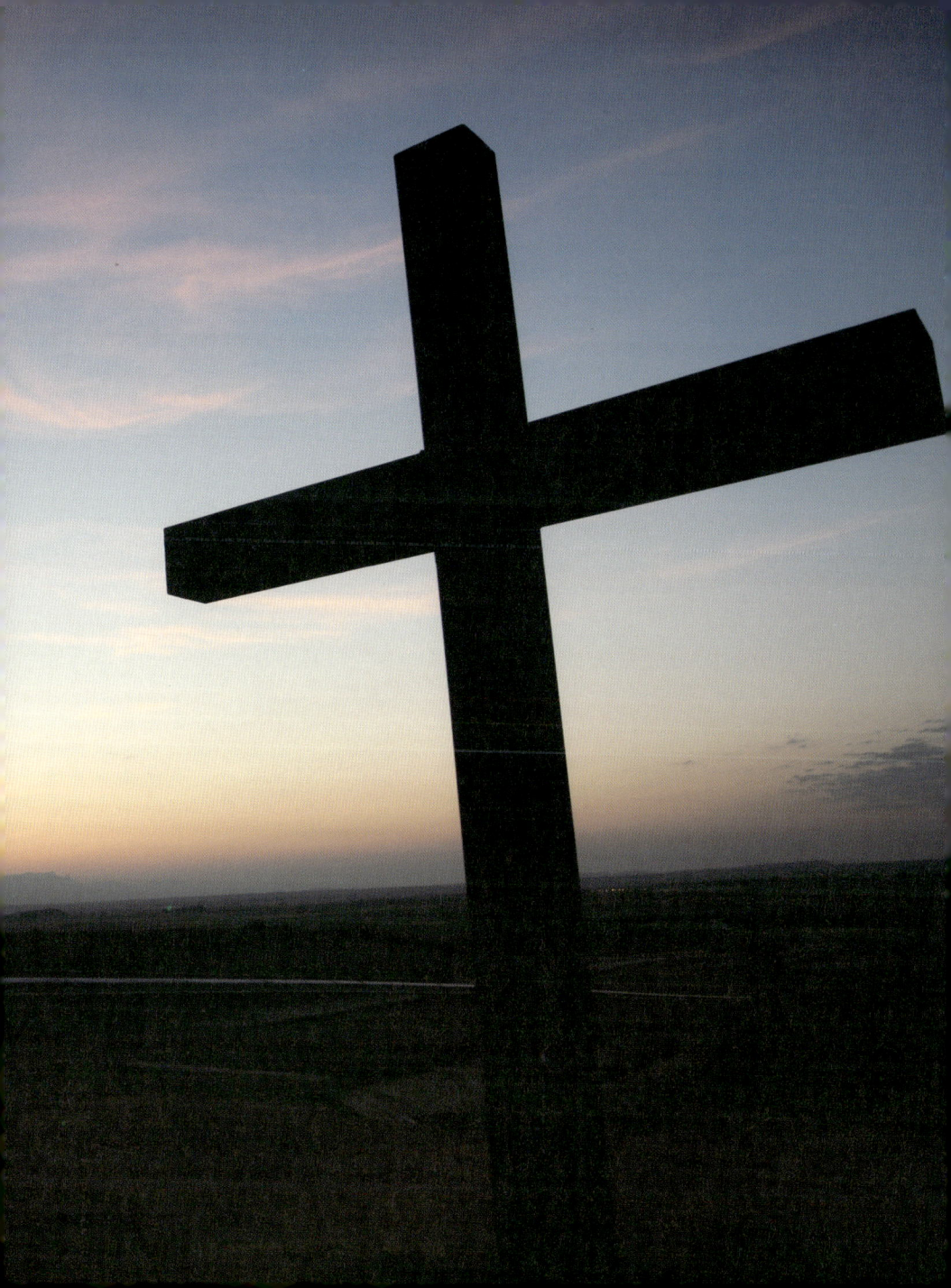

뒤를 돌아보면 다른 길이 보인다

화살표를 따라 그렇게 한참 앞만 보고 걸으면 내가 걸어온 길이 희미해지다가 결국 잊힌다. 뒤를 돌아본다. 내가 걸은 길이 분명한데, 이상하게도 되돌아본 길은 머릿속 풍경과는 전혀 다른 모습이다. 사는 것도 그렇다. 걷다 보면 내가 걸어온 길이 얼마나 멋졌는지, 고통스러웠는지, 아름다웠는지 잊게 된다.

"나는 생이 어떤 의미를 지니는지 모른다. 그러나 걷기는 하나의 목적이 있다. 한 발을 다른 발 앞에 놓는다. 그리고 기쁨이 뒤따라올 때까지 다시 시작한다."
—이브 파칼레

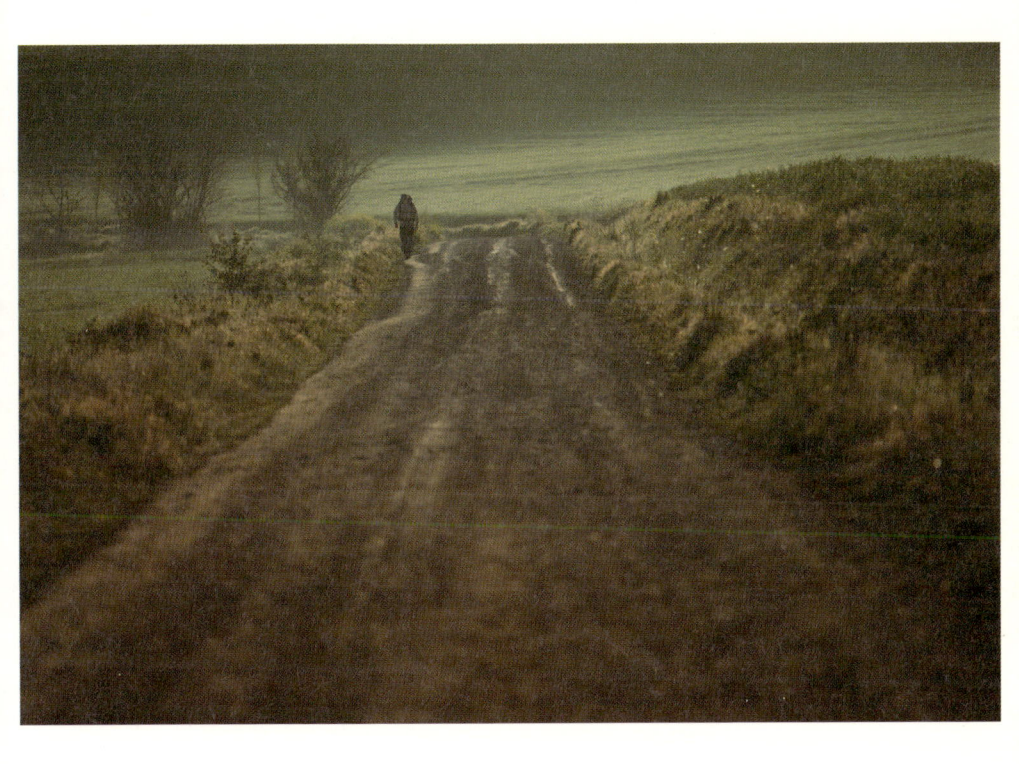

순간을 찍는 법

함께 걸어온 친구가 앞장섰다. 비온 뒤 길이 미끄러워 어쩐지 곧 넘어질 것만 같
은 걸음이다. 장난기가 발동해 카메라를 들고 뷰파인더를 보며 뒤를 따랐다. '넘
어질 것 같은데…' 하면서 한 1분 정도 걸었을까. '어라, 안 넘어지네? 그만할까.
에이, 좀 더 가보자' 하며 카메라를 들고 뒤따르다가 거의 15분이 흘렀다. 결국
포기하려던 순간, 아이쿠! 불길한 예감은 고맙게도 들어맞았다. 나도 모르게 셔
터를 눌러버렸다. 덕분에 연출할 수 없는 진정한 순간포착 사진을 건졌다. 그 친
구에겐 미안하지만.

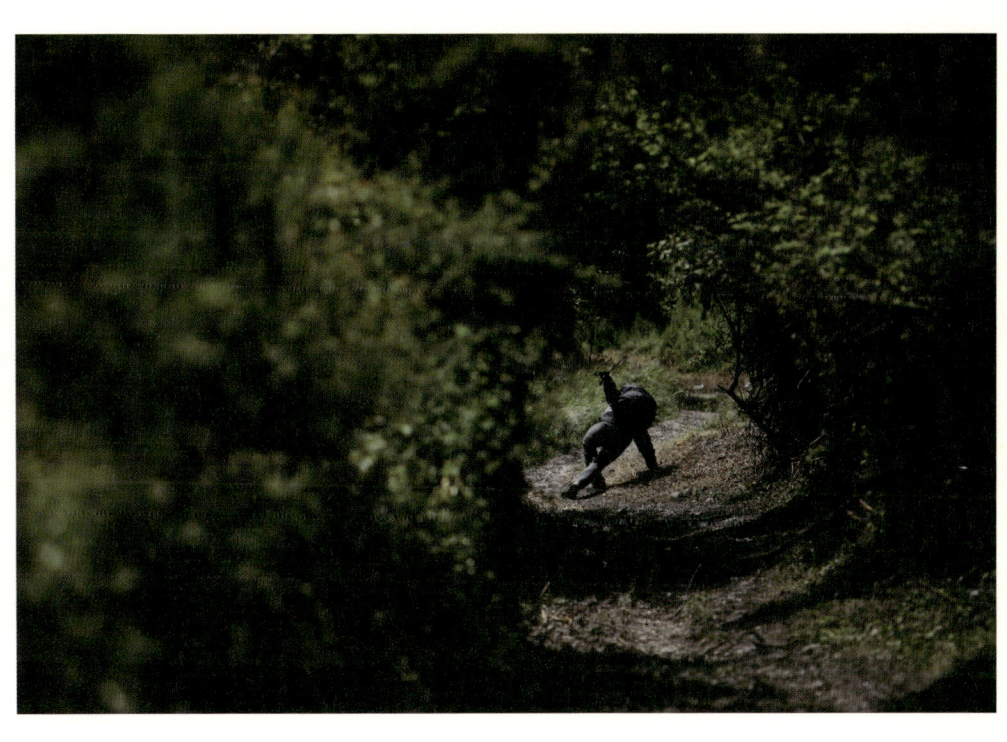

웃음을 찍는 법

길 위에서 만나는 자연과 사람, 그리고 그 사람들의 자연스러운 표정. 내가 걷는
이유다. 누군가를 찍을 때는 그 사람을 보며 항상 먼저 웃는다. 그러면 상대도
열에 아홉은 따라서 웃고 만다. 서로 웃음으로 마음을 여는 거다.

또 한 가지 방법이 있는데, 사진을 찍겠다고 허락을 구한 후 일부러 과도하게 여
러 장을 찍는 거다. 연사(연속촬영) 모드로 여덟 컷씩 찰칵찰칵…. 그러면 처음
엔 당황하다가 신기해하며 웃음을 터뜨리곤 한다. 특히 아이들에게 잘 통하는
방법이기도 하다.

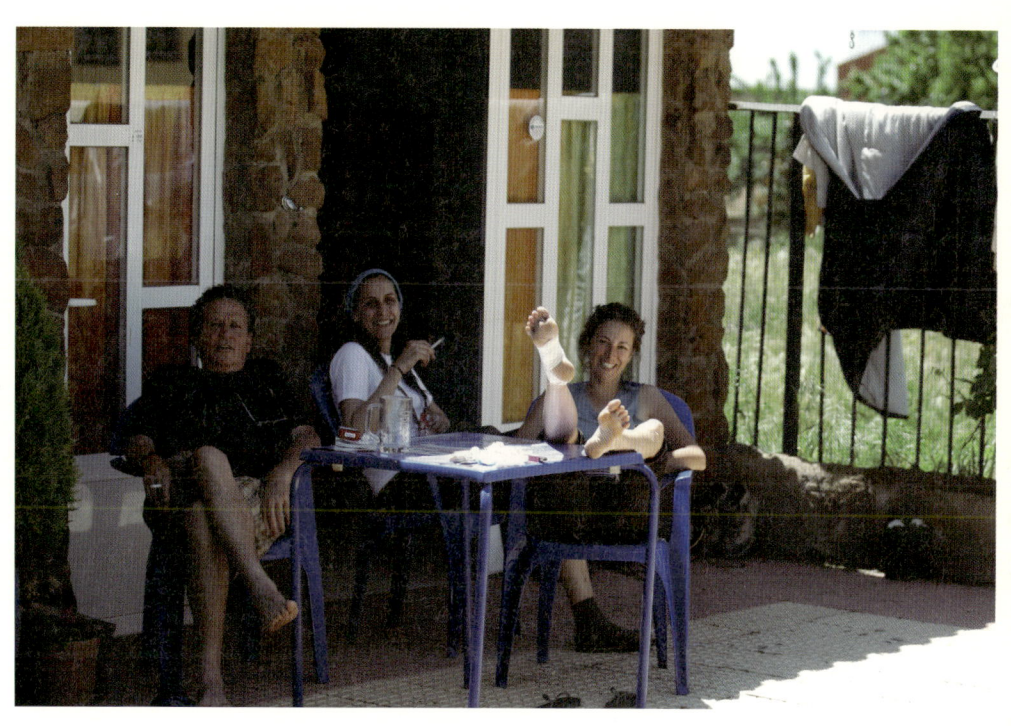

낡은 청바지가 말해주는 것

흰색 면 티셔츠에 낡은 청바지. 평범한 배낭과 신발. 사실 이걸로도 충분하다. 걷기 여행 하면 흔히 아웃도어 의상을 떠올리곤 한다. 필요에 따라 구입하기보다는 브랜드에 집착하고, 굳이 필요하지 않은 기능을 갖춘 고가의 제품을 고집하기도 한다. 낡은 청바지를 입은 순례자가 말해준다. 중요한 건 무엇을 입느냐가 아니라, 일단 한걸음을 뗄 수 있는 마음이라고.

"걷는다는 것은 잠시 동안 혹은 오랫동안 자신의 몸으로 사는 것이다."
—다비드 르 브르통

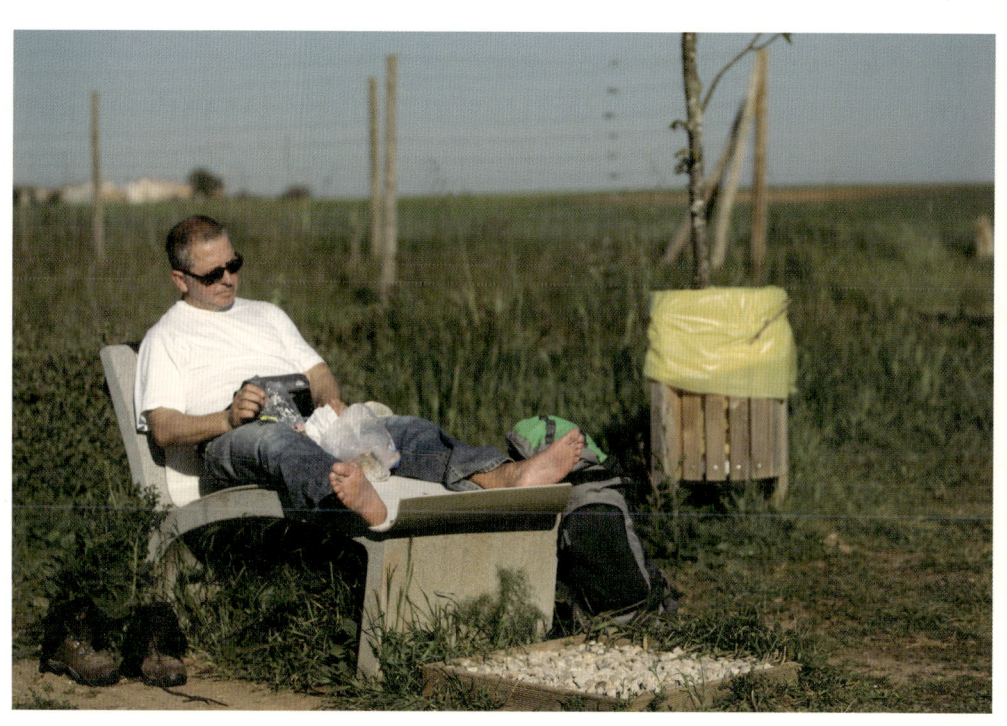

마음을 찍으려면 함께 걸어야 한다

사람들의 자연스러운 표정과 행동을 찍는 건 어렵다. 뒷모습이야 카메라를 의식하지 않지만, 앞에서 찍으면 표정이 굳거나 피하는 사람이 많기 때문이다. 자연스러운 표정과 행동을 찍으려면 그들과 가까워지는 수밖에 없다. 어떻게 해야 인물사진을 잘 찍을 수 있냐는 질문을 받을 때마다 이렇게 대답한다. "친해지세요." 카미노에서 사람들의 마음을 얻는 방법은 나 역시 순례자가 되어 함께 걷는 방법밖에 없었다. 어떤 날은 사진을 찍기 위해 배낭을 다음 알베르게까지 운반해주는 서비스를 이용해볼까 고민해봤지만, 짐을 모두 메고 걷기로 결심했다. 길을 걷는 사람들과 똑같은 무게와 고통을 느끼며 그들의 시선으로 사진을 찍고 싶었기 때문이었다.

그 덕분에 처음에는 카메라 앞에서 어색해하고 경계하던 사람들도 이제는 먼저 웃으며 인사를 건넨다. 내가 그들과 함께 걷고 있다는 걸 알기 때문이다.

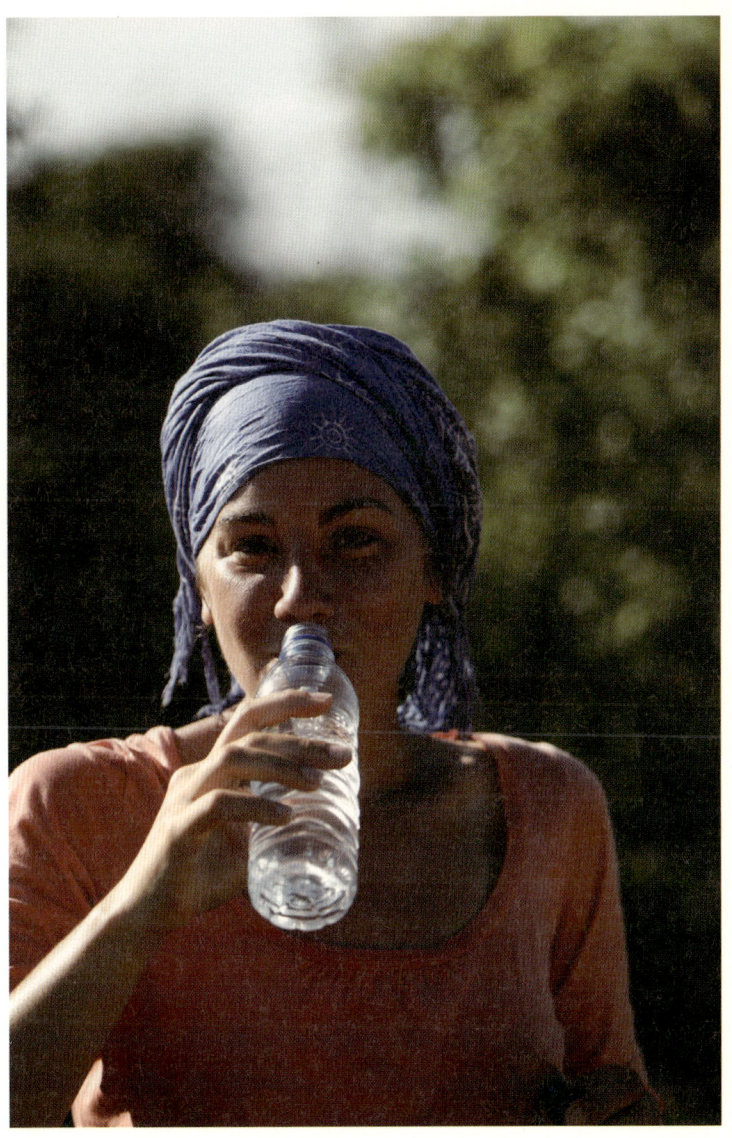

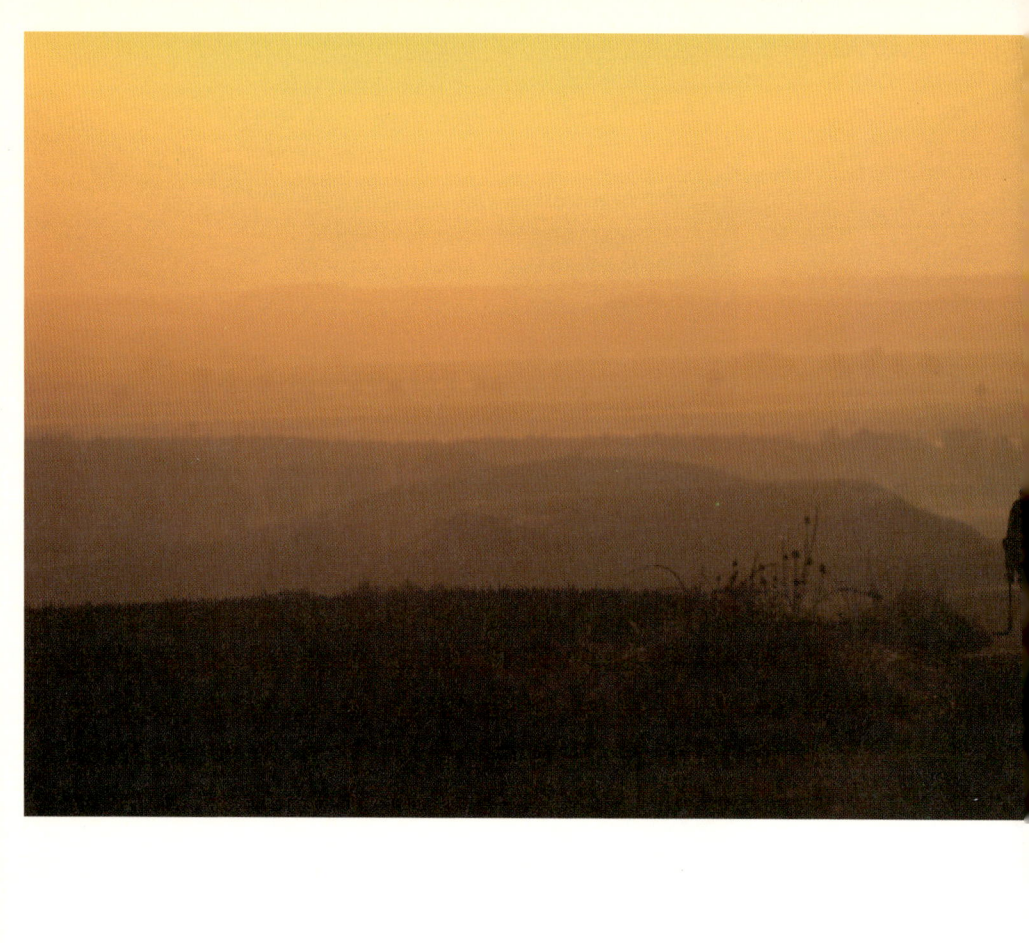

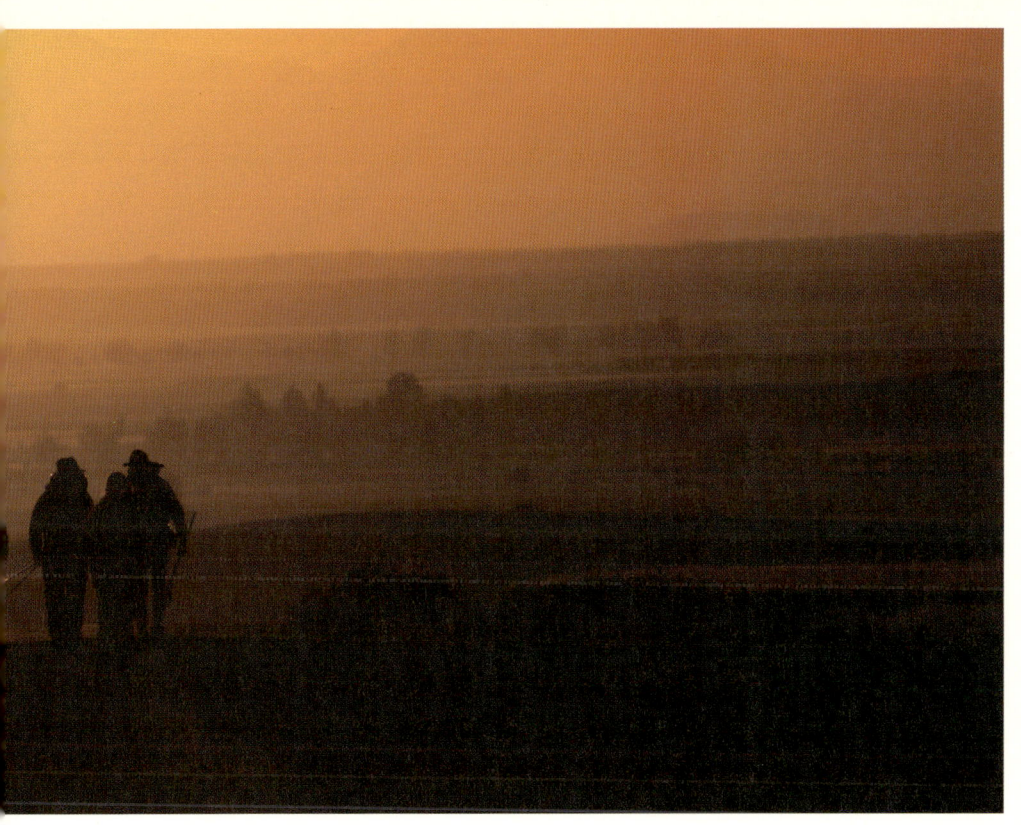

이 길 끝에서 어떤 깨달음을 얻을 것인가

많은 사람들이 이 길이 끝나면 어떤 깨달음을 얻을지, 자신의 무엇이 변화할지
의문을 갖고 걷는다. 이렇게 고생한 후 길 끝에서 얻을 수 있는 건 무엇일까? 돈,
명예, 그 무엇도 아닐 텐데. 하지만 질문을 조금 달리 생각하면 지극히 간단하고
단순한 답이 나온다. 우리는 길에게 무언가 바랄 것도, 얻을 필요도 없다. 단지
이 길 위에 서서 그 끝을 밟아보는 경험이면 충분하다. 그것이 바로 이 길이 우
리에게 주는 깨달음이다.

오랜 세월 그렇게 지내온 벗들처럼

알베르게 뒷마당에서 우렁찬 소리가 들렸다. 한 순례자의 생일 파티였다. 생일
을 맞은 이는 벌써 폭죽의 색색 종이끈에 뒤덮여 있었다. 베란다에서 그들의 생
일 파티를 가만히 지켜보았다. 여러 사람들의 축하, 노래와 포옹, 웃음. 그들은
이미 오랜 세월 동안 벗으로 지내왔다 해도 의심치 않을 법한 정을 나누고 있었
다. 이 길에서 처음 만나 친구가 되고, 서로의 생일을 챙겨주는 가족이 된다. 카
미노, 이런 이유만으로도 걸어볼 의미가 있는 길이다.

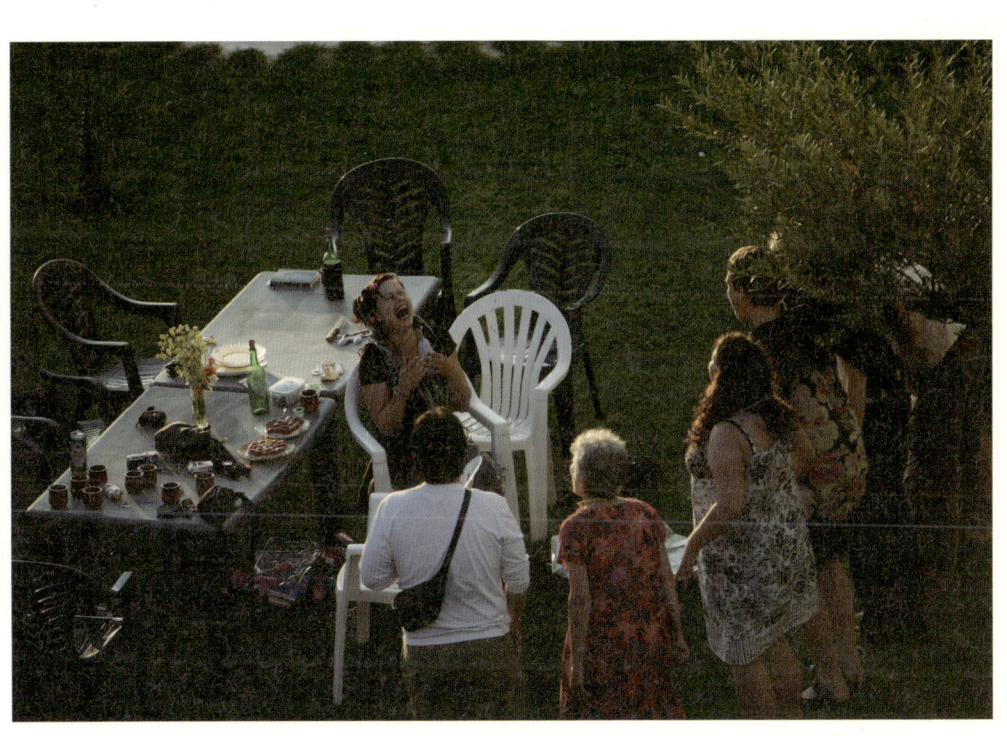

오늘의 내가 그때의 너에게

하루를 정리하고 알베르게 침대에 누웠다. 막 잠이 들려던 때, 2층 침대 바닥에 낯익은 글씨가 어렴풋이 보인다. '부엔 카미노. 안녕히 주무세요.' 한글이다! 낯선 땅, 카미노에서 만난 한글은 반가움을 넘어 고마운 글자였다. 이렇게 마주하게 된 특별한 인연에 감사하며 나도 '넵'이라고 짧게 답을 더했다. 어쩌면 그 후에 우리말을 쓰는 누군가가 이 침대에 누워 또다른 이야기를 적어두었을지도 모르는 일이다.

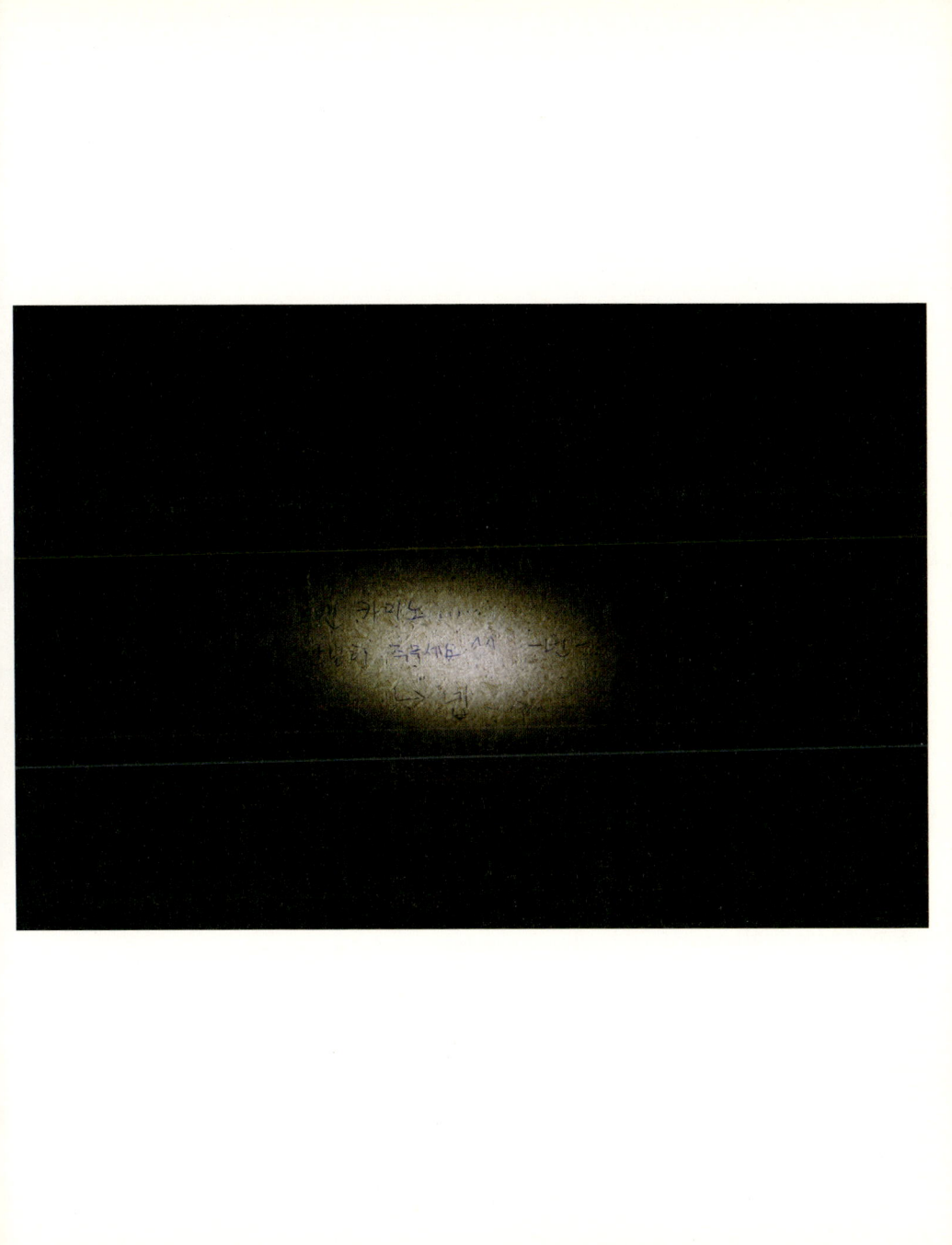

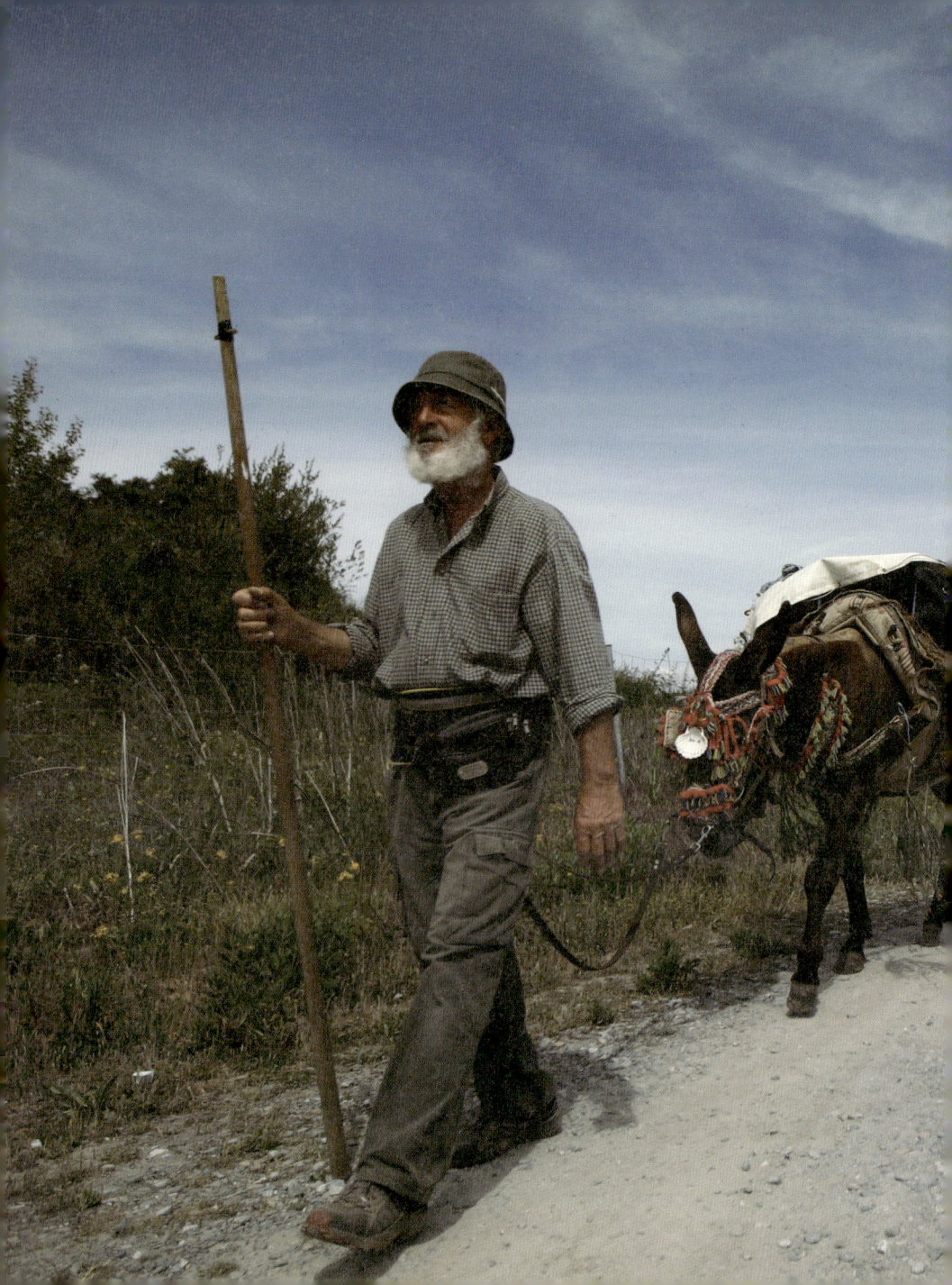

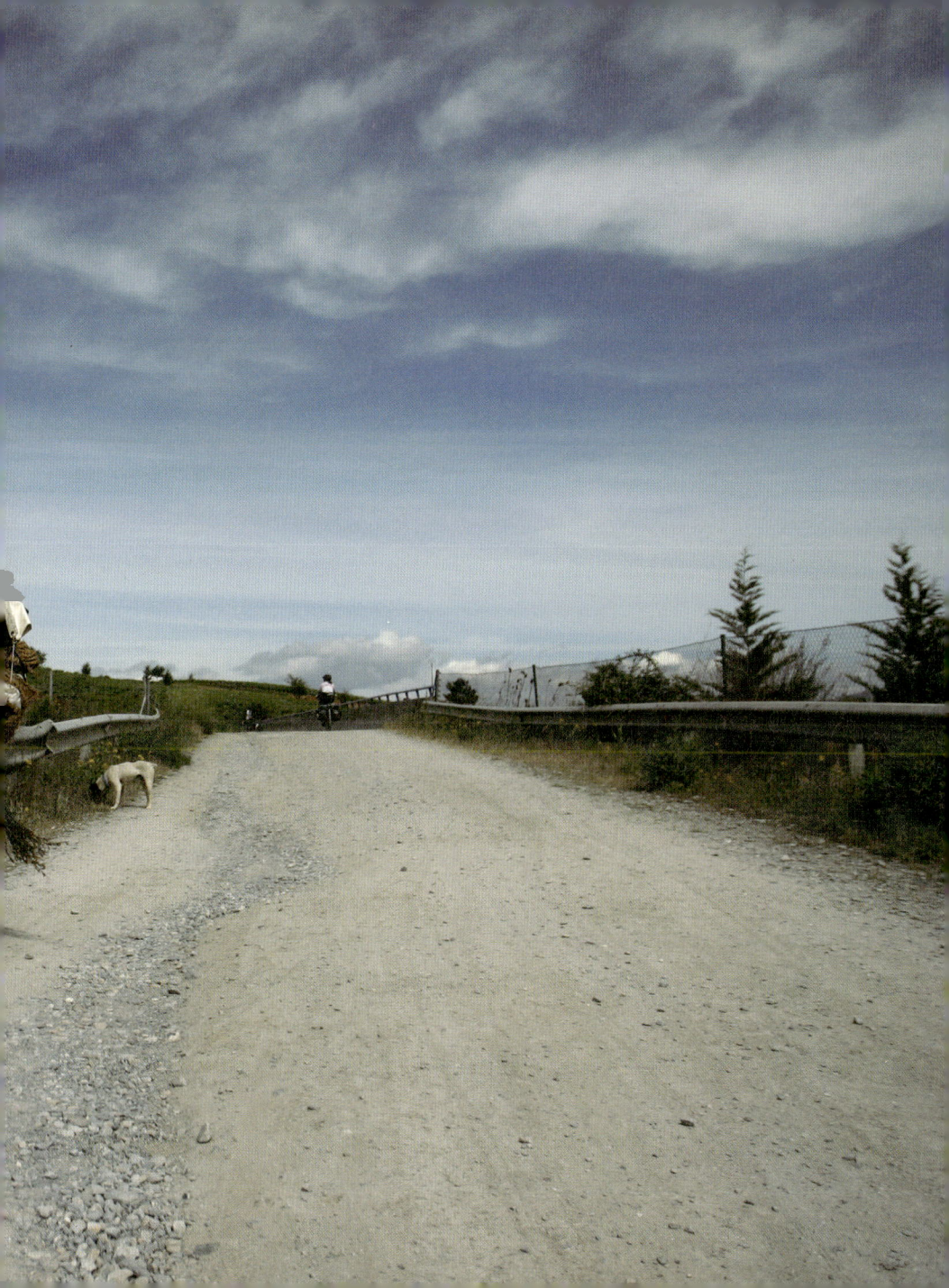

다른 곳으로부터의 우리가,
하나의 길을 이야기하는 시간

카미노에 왜 왔냐는 그녀의 질문으로 우리의 대화가 시작되었다. 아르헨티나에서 왔다는 그녀는 돌아가신 아버지를 애도하고, 상처받은 자신을 위해 걷는다고 했다. 물론 통역이 필요했다. 아르헨티나에서 온 그녀가 스페인어로 말하면, 그 말을 또다른 사람이 영어로 통역하고, 영어를 잘하는 한국인 친구가 그 말을 내게 전하는 방식이었다. 그렇게 여러 개의 언어가, 다른 곳으로부터 온 우리가 만나 카미노라는 하나의 길을 이야기했다.

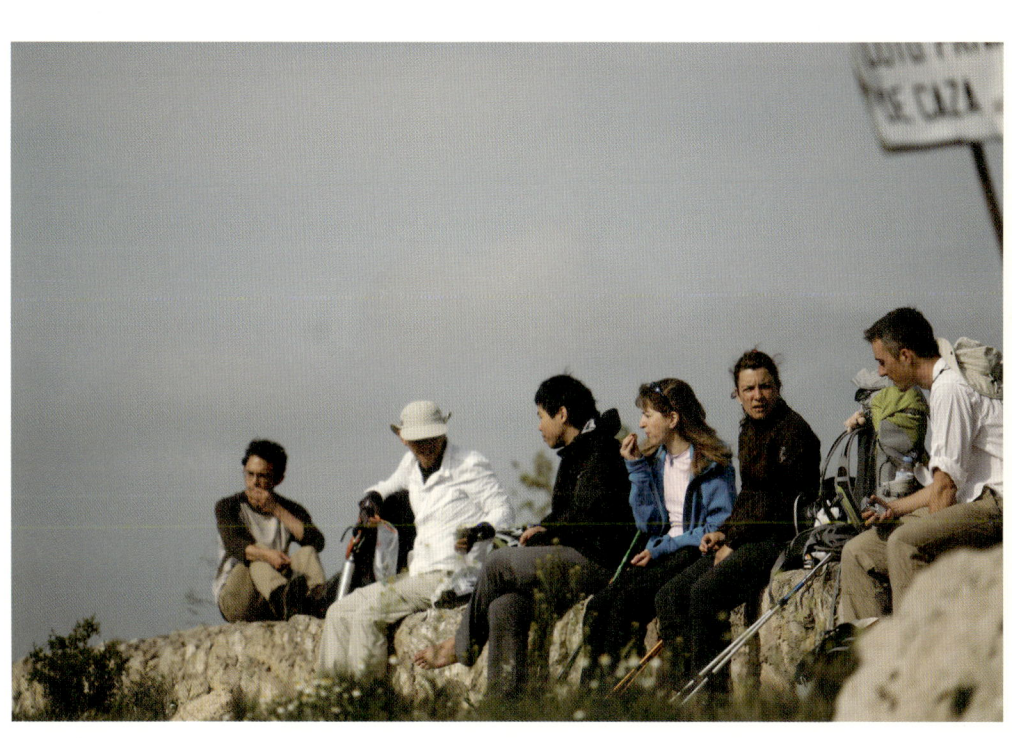

바람의 노래, 길의 노래

어느 때보다도 반가운 바람이 불어왔다. 지친 모두를 위로하는 바람이었다. 스위스에서 왔다는 두 명의 순례자가 바람에 답가를 보낸다. 한 사람이 노래를 부르면 한 사람은 휘파람으로 화음을 넣는데, 멋진 하모니였다. 최고의 음악을 들으며, 이들 뒤를 졸래졸래 따라서 걸었다. 기분이 상쾌해지고, 고되었던 몸과 마음에 힘이 났다. 바람, 물, 그늘에 감사함을 느꼈던 게 언제였던가. 지금 이 순간 우리를 다시 걷게 하는 것들에 대해서 말이다.

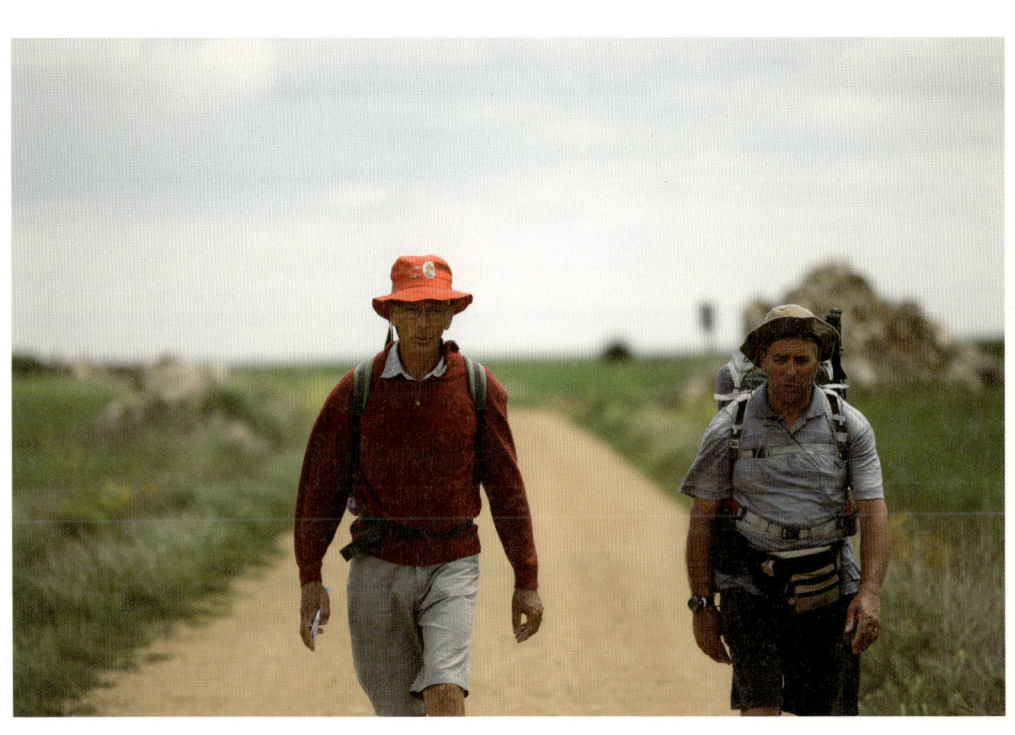

카미노에서 인기를 얻은 비결

순전히 내 생각인지는 모르겠지만, 나는 나름 순례자들에게 인기가 있었다(특히 어르신들에게). 아마도 모든 이들에게 고개를 숙여 인사했던 것과 유난히 무거워 보이는 짐, 그리고 무엇보다도 커다란 카메라 덕분이었으리라 짐작한다. 사람들은 자기들끼리 사진을 찍다가도 나를 만나면 카메라를 건네며 기념사진을 부탁했다. 그리고 내가 사진을 찍을 때는 기꺼이 모델이 되어주었다.

그렇게 찍은 사진은 이메일로 보내주기도 했다. 수많은 사진을 일일이 보내는 게 번거로울 수 있지만, 그 과정이 있기에 그들과 친구가 되어 사진을 찍을 수 있었다. 그렇게 쌓인 마음은 신뢰가 되었고, 그들은 나를 믿고 카메라 앞에 서주었다. 믿음, 유대감, 모두 사진 덕분이었다.

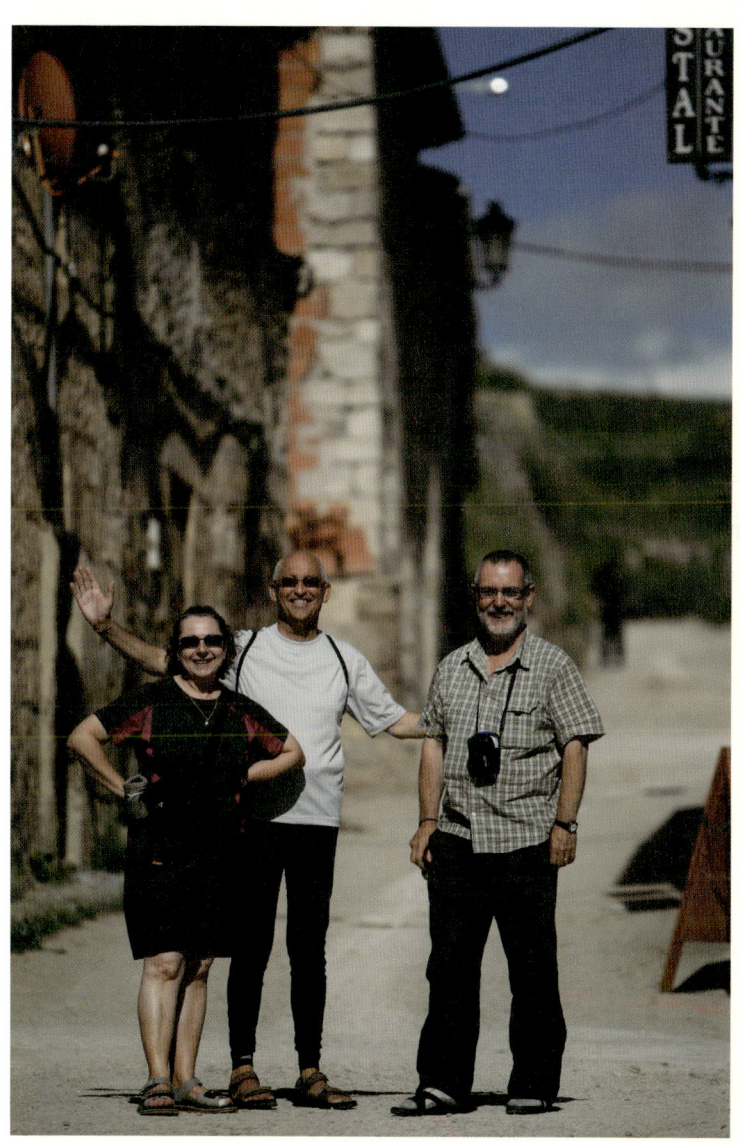

밀밭 밀밭 밀밭, 그리고 또 밀밭

메세타Meseta 지역은 카미노 안내서에 '혹독하다'라고 소개되어 있다. 그늘한 점 없는 길. 끝없이 이어지는 밀밭, 자갈, 더위 등 걷기의 악조건은 모두 갖추고 있기 때문이다. 그래서 많은 순례자들이 버스나 기차로 다음 대도시인 레온León으로 건너뛰곤 한다. 어떤 순례자는 자전거를 사서 메세타 지역을 지난 후, 본국으로 자전거를 보내고 다시 걷기도 한단다. 나 역시 건너뛰는 게 좋을까 고민해봤지만, '에라, 모르겠다. 그냥 부딪쳐버리자' 하고는 그냥 걷기로 했다.

메세타가 시작되었다. 가도 가도 밀밭이었다. 멀리 끝을 알 수 없을 정도로 이어지는 지평선이 보였다. 순례자들이 태양에 인사하듯 고개를 숙이고 힘겹게 발걸음을 옮겼다. 메세타를 지나려면 일주일을 그렇게 걸어야 했다. 마치 러닝머신 위를 걷는 기분이었다.

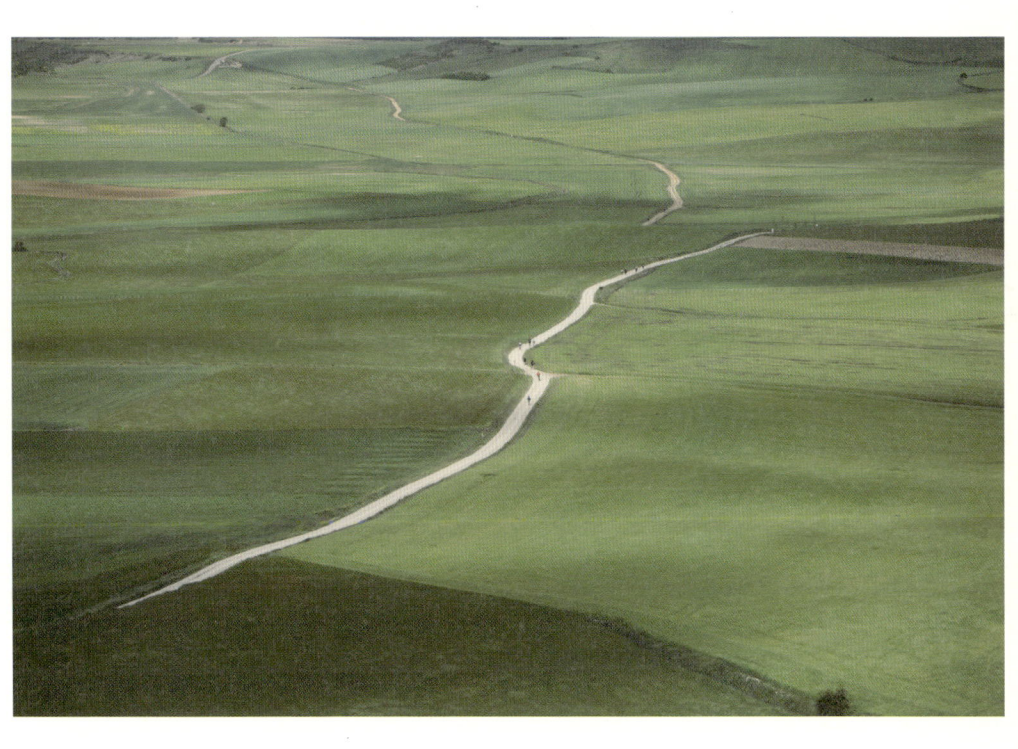

카메라는 마음과 똑같이 움직인다

일주일 동안 같은 풍경만 이어지는 메세타를 걸으니 의욕이 생기지 않았다. 사진도 다 똑같고, 사람들을 찍는 것도 싫었다. 사진적으로 침체기가 온 거다. 그래서 의미 없는 풍경과 건물들을 찍기도 했다. 걷는 것도 찍는 것도 무척 힘든 시기였다. 나 혼자 '왕따나무'라고 이름 붙인 저 나무가 그때의 내 마음을 보여준다.

사진을 찍는 사람은 마음을 감추기 어렵다. 찍는 사람이 우울하면 사진도 우울해진다. 사진은 찍는 이의 감정을 그대로 가져가기 때문이다.

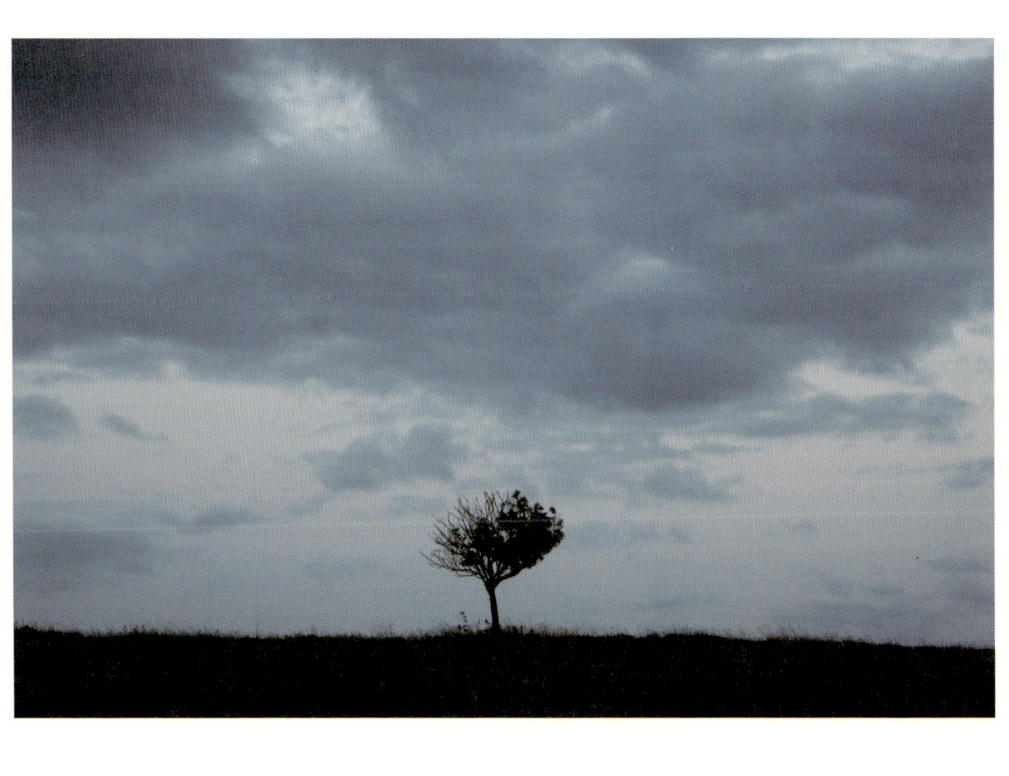

마음의 급소를 찌르는 팻말

카메라를 들 힘조차 없던 날이었다. 축 늘어진 카메라가 영락없는 내 꼴이었다. 다음 코스까지 버스를 탈까, 말까 수백 수천 번을 갈등했다. 한 걸음 옮길 때마다 '탄다, 안 탄다'를 오가며.

신기하게도 지치고 지쳐 포기하고 싶을 때면 어김없이 콜택시 전화번호가 보였다. 마음의 급소를 찔린 듯했다. 어쩌면 그렇게도 적절한 지점에 전화번호를 남겨두었는지 놀라울 지경이었다. 탈까, 말까, 긴 갈등을 하다 보니 어느새 알베르게 앞이었다. 이 갈등은 걷는 마지막 날까지 계속되었다.

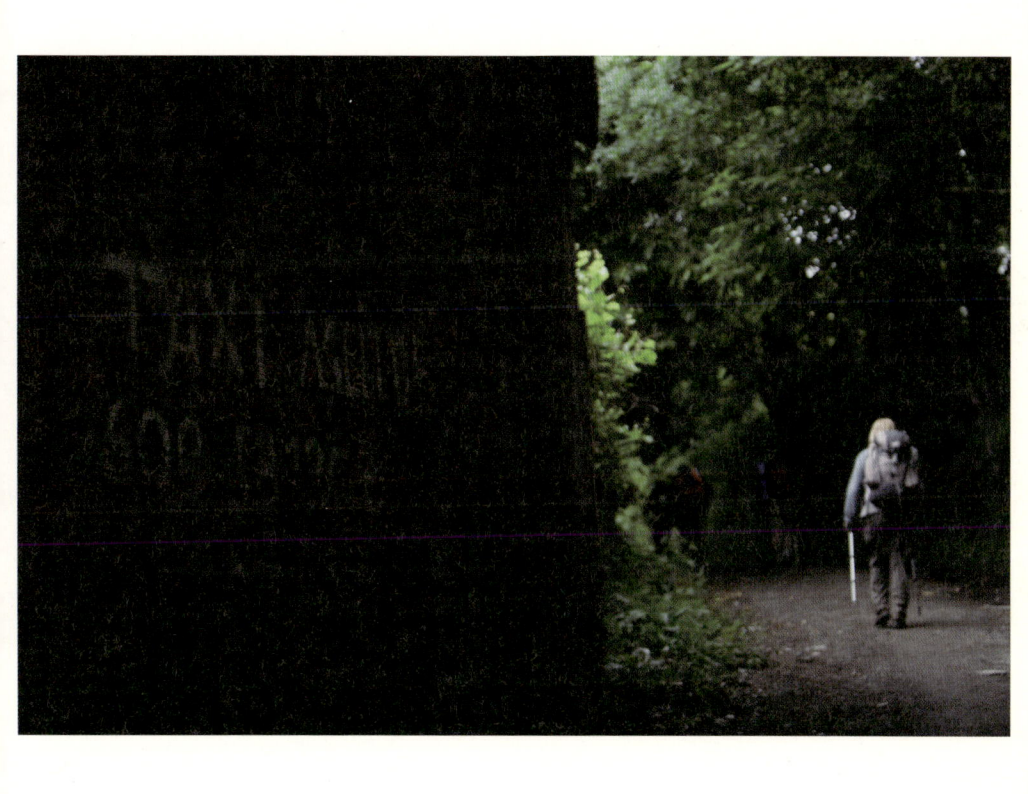

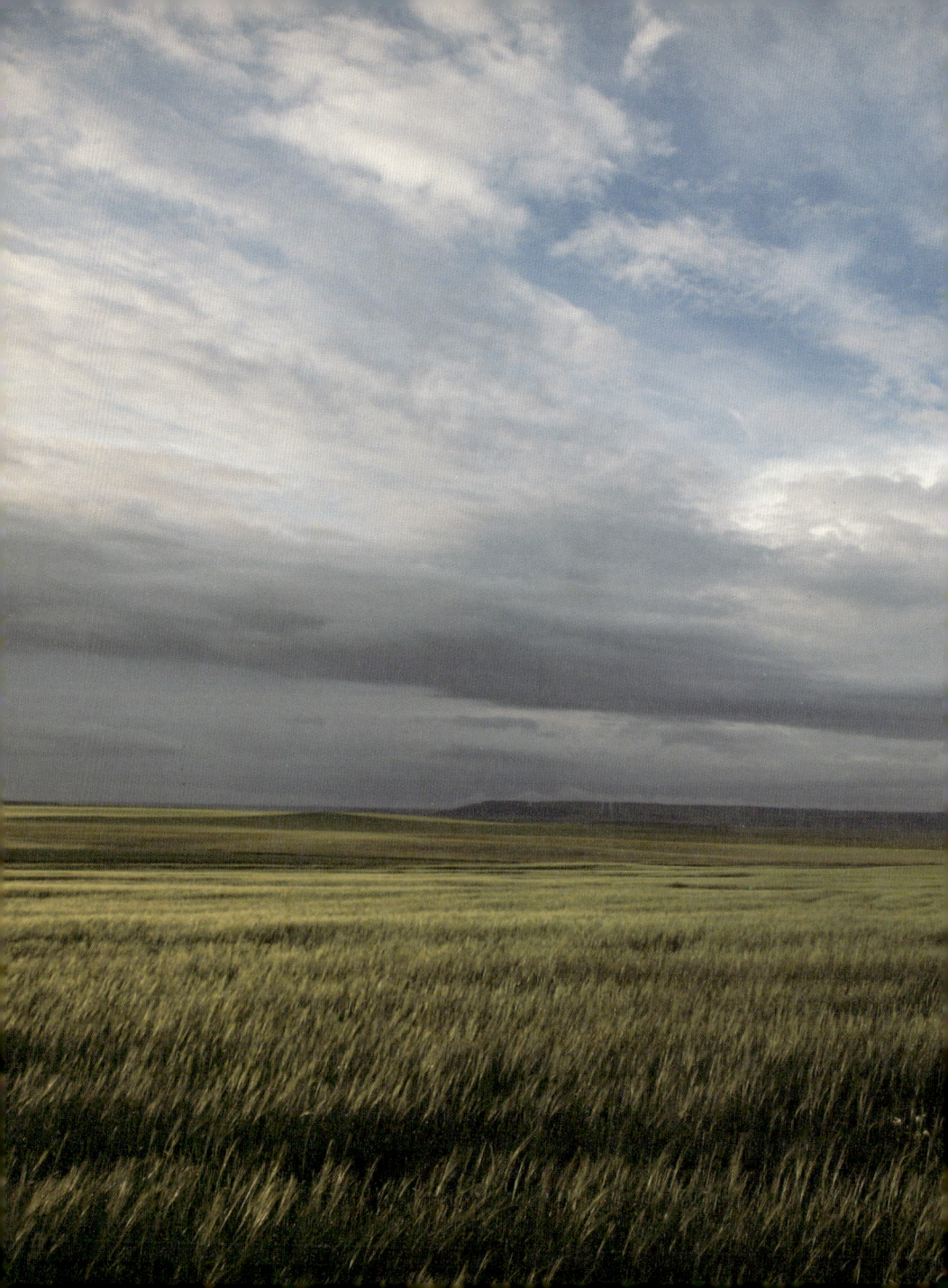

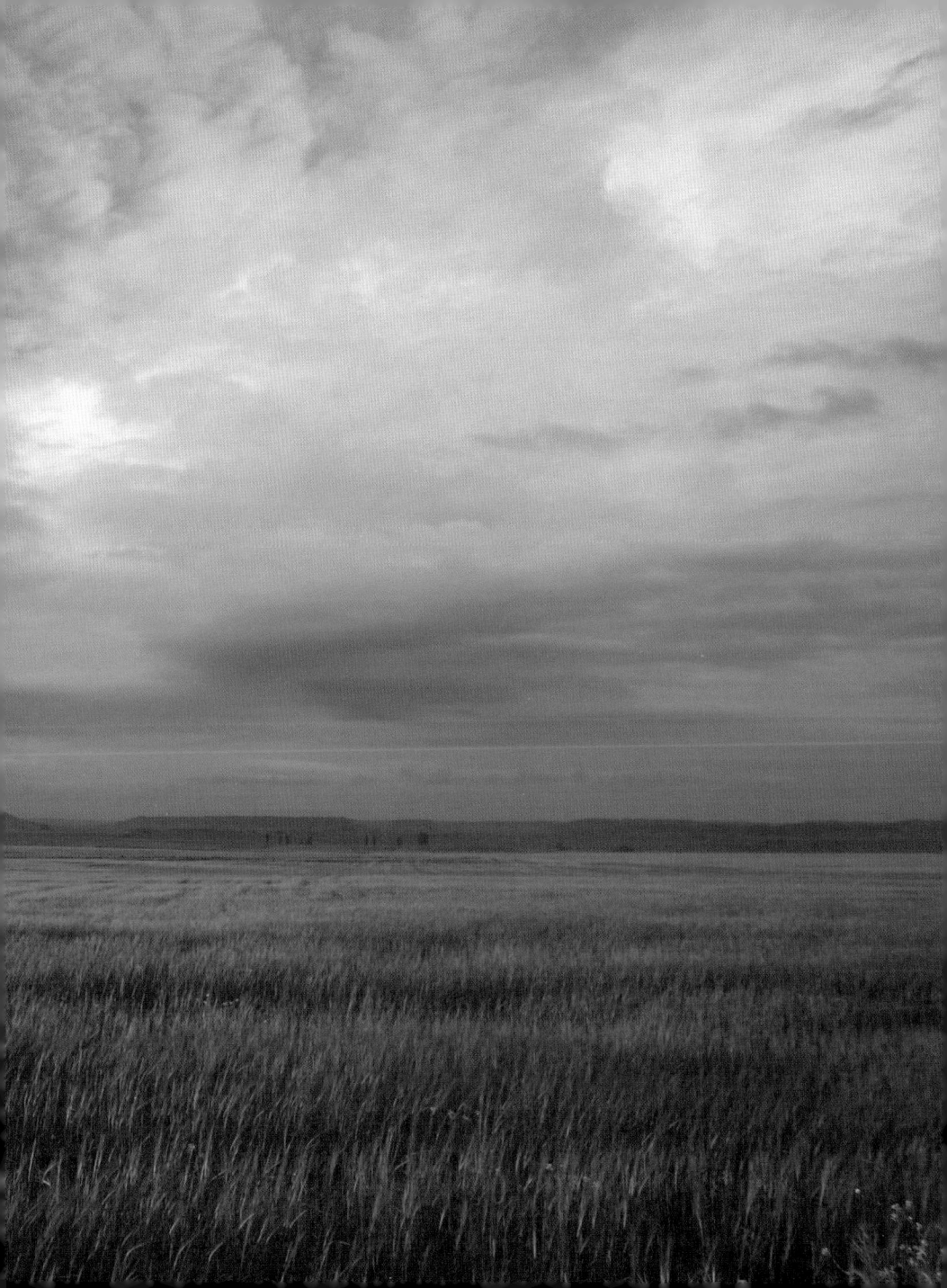

한 걸음 한 걸음

나이 든 순례자가 내 걸음의 반도 안 되는 걸음으로, 천천히 힘겹게 걸어가고 있었다. 한쪽 방향으로 어깨가 치우친 그의 뒷모습은 더 위태해 보였다.

그러던 그가 갑자기 걸음을 멈추었다. 헐거워진 어깨끈을 고쳐 메기 위해서였다. 그러나 힘을 다 소진했는지 어깨끈을 당기는 것조차 힘들어한다. 다가가서 끈을 당기는 걸 도와주었다. 그에게 더 도울 수 있는 게 없냐고 묻자 감사인사를 하고는 자신은 이렇게 천천히 걷겠다고 했다. 그의 안녕을 빌며 다시 걷기 시작했지만, 염려되는 마음에 계속 뒤를 돌아보게 되었다. 나이 든 순례자는 멈춘 듯 보이기도 했지만, 가만히 보니 아주 조금씩 발걸음을 내딛고 있었다.

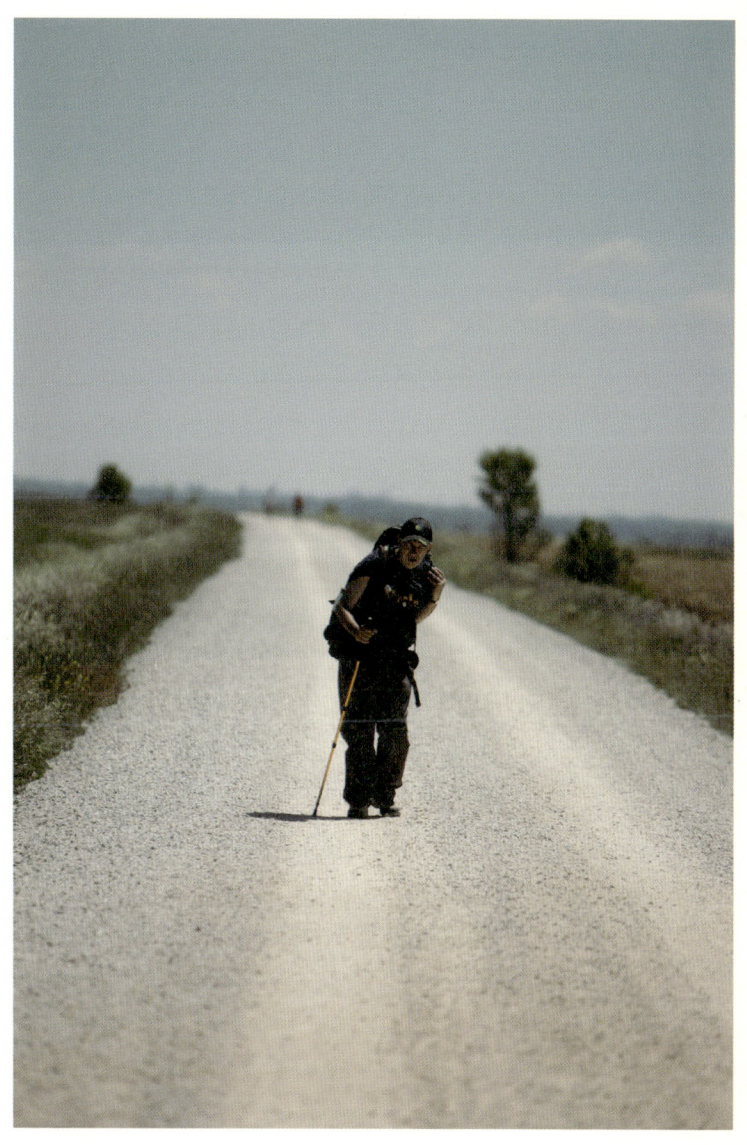

길을 걷는 당신을 응원합니다

끝도 없는 밀밭, 새하얀 자갈길, 파란 하늘, 같은 풍경이 계속되었다. 걷고는 있지만 약간의 공황상태로 정신이 없다. 심지어 어제 걸었던 길, 그제 걸었던 길이 모두 똑같은 것만 같다. 오늘을 걷는 게 아니라 어제의 기억을 다시 되짚고 있는 듯했다. 정신이 혼미해질 지경이었다.

이날도 마찬가지였다. 밀밭, 자갈길, 하늘, 모든 게 똑같았다. 그런데 저 앞에 선혈처럼 붉은 것이 보였다. 가까이 가보니 양귀비꽃이다. 아마도 먼저 지나간 이가 두고 간 것인 듯했다. 조금 더 걸으니 또 한 송이, 조금 더 걸으니 또 한 송이, 한 송이… 꽃들이 길을 안내한다. 응원과 위로, 축복을 담아 누군가 놓아두었을 꽃들 덕분에 지나는 모든 이들의 얼굴에 웃음이 번진다. 이 길을 지나갈 이들을 위해 나도 마음을 담아 꽃 한 송이를 더했다.

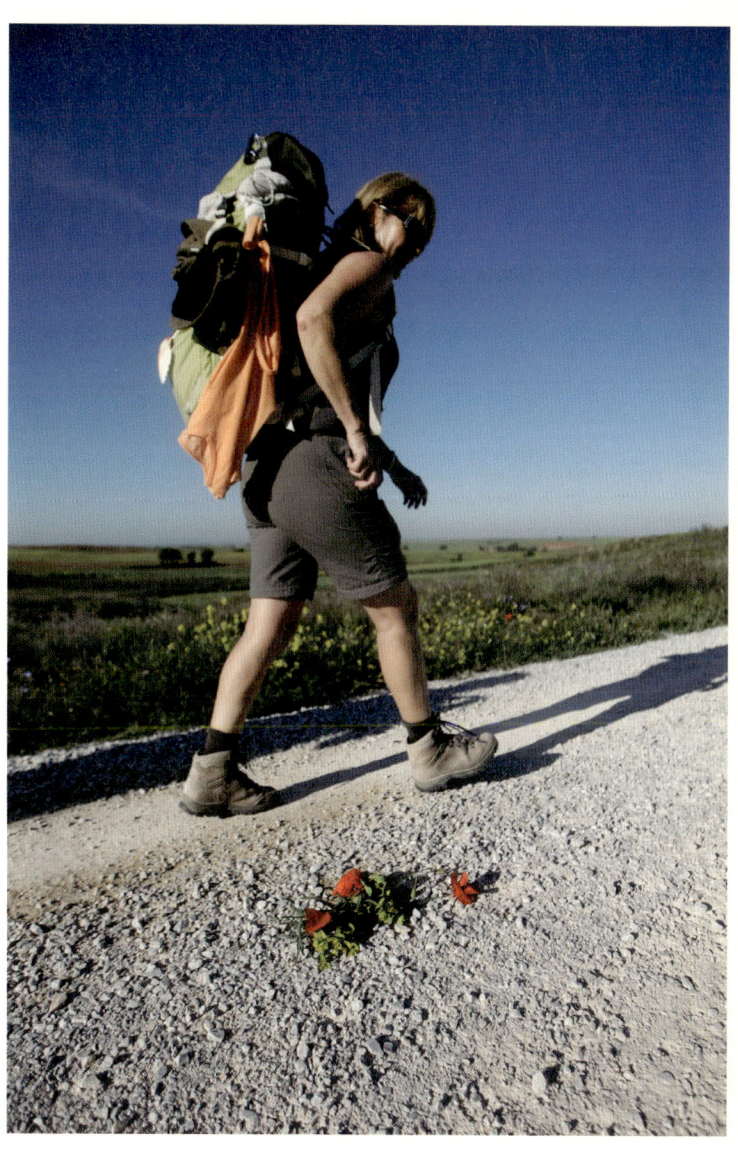

내가 찍고 싶은 건 카미노가 아니었다

멀어져가는 순례자의 뒷모습과 그의 어깨에 있는 큰 배낭을 바라본다. 그의 뒷모습에 나의 뒷모습이 겹쳐 보인다.

수많은 사람들이 걷는 이 길에서, 나 역시 그들과 같은 고통을 겪으며 환희를 느끼고 싶다. 때론 걷다가 지쳐 장면을 놓치더라도, 때론 카메라를 들 힘조차 없을지라도, 그들의 살아 있는 표정과 땀 냄새를 느끼고 싶다. 그들의 모습을 사진에 담고 싶다.

걸으며 내가 무얼 찍고 싶은지 점점 분명해진다. 내가 찍고 싶은 것은 카미노가 아니다. 카미노를 걷고 있는 사람들이다.

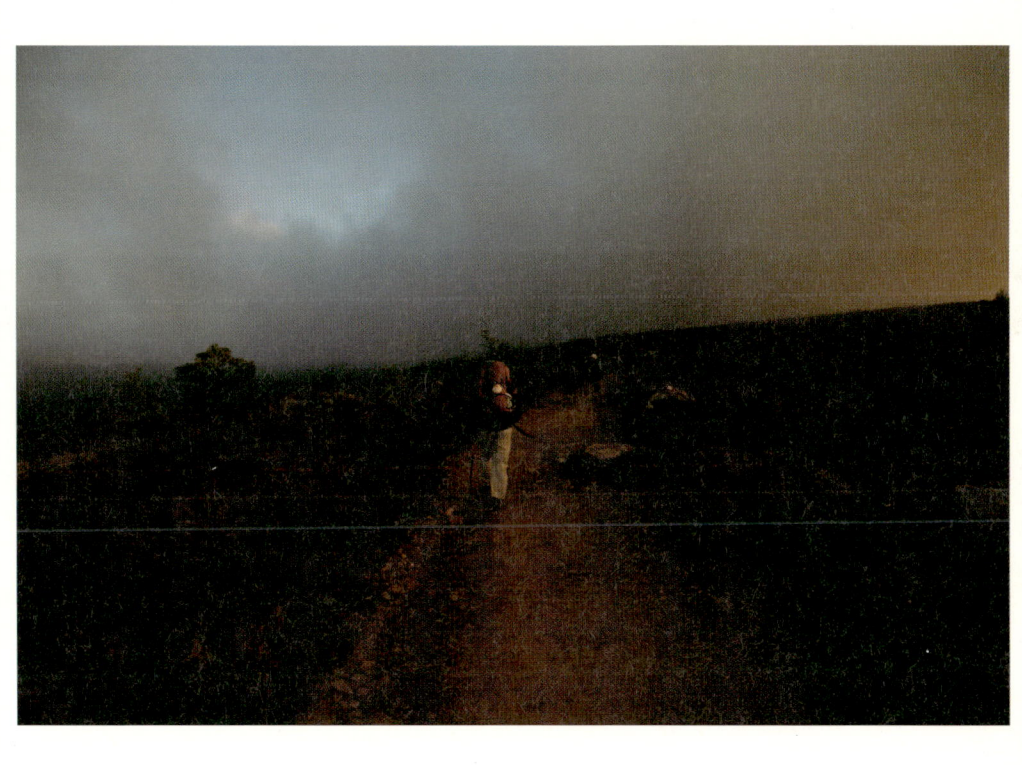

인간의 속도대로 산다면

걸으면 '느림'에 대해 자연스레 생각할 수밖에 없다. 차를 타고 길을 지나갈 때는 볼 수 없었던 것들이 보이기 때문이다. 걸으면 나와 속도가 같거나 나보다 느린 것들이 눈에 들어온다.

그렇다면 인간은 느릴까, 빠를까? 우리는 사자나 치타만큼 빠르지는 않지만, 달팽이나 지렁이보다는 빠르다. 걷는 게 느리다고만은 할 수 없는 거다. 빠르게 움직이는 탈것들이 많아지면서 걷는 것은 느리다고 느껴지는 세상이 되었지만, 사실 걷는 속도가 인간의 제 속도이다. 우리 삶을 인간의 속도대로 살면 어떨까? 걷는 속도로 말이다.

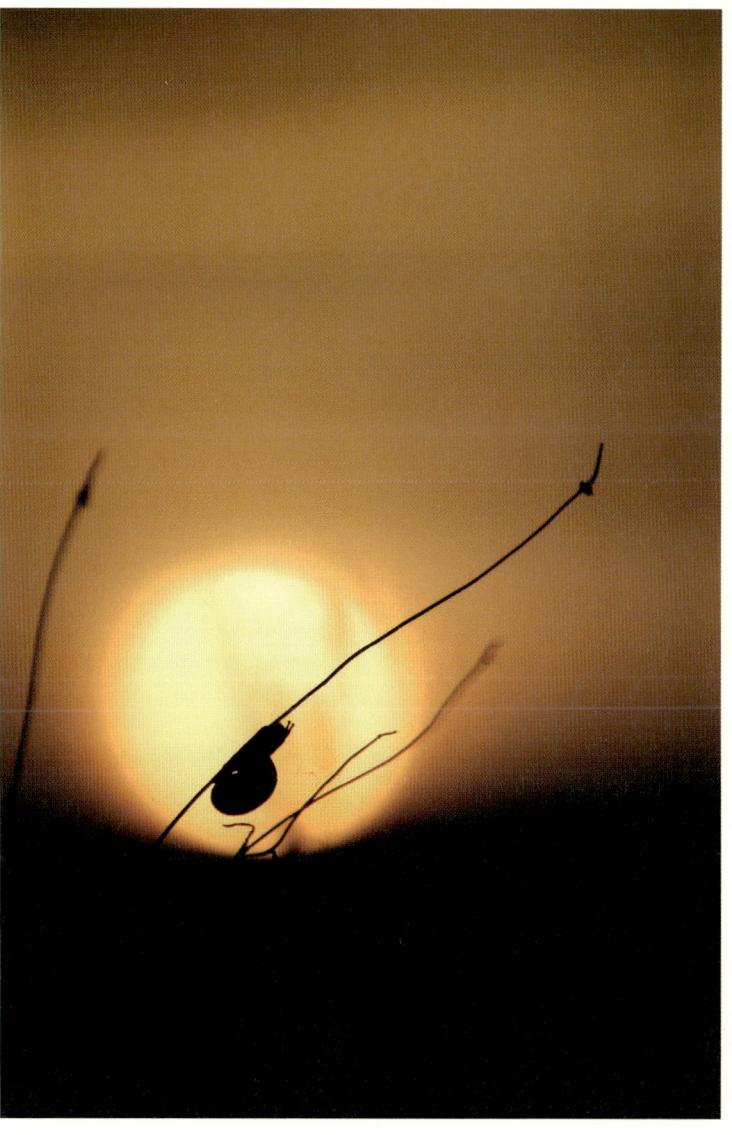

어떤 사진은 저절로 찍힌다

눈앞에 보이는 풍경을 어떻게 캔버스로 옮길 것인가 고민하는 화가처럼, 사진가는 프레임에 어떻게 풍경을 담을지 고민한다. 하지만 어떤 풍경 앞에서는 저절로 사진이 그려진다. 마치 사진이 알아서 찍히기라도 하듯이.

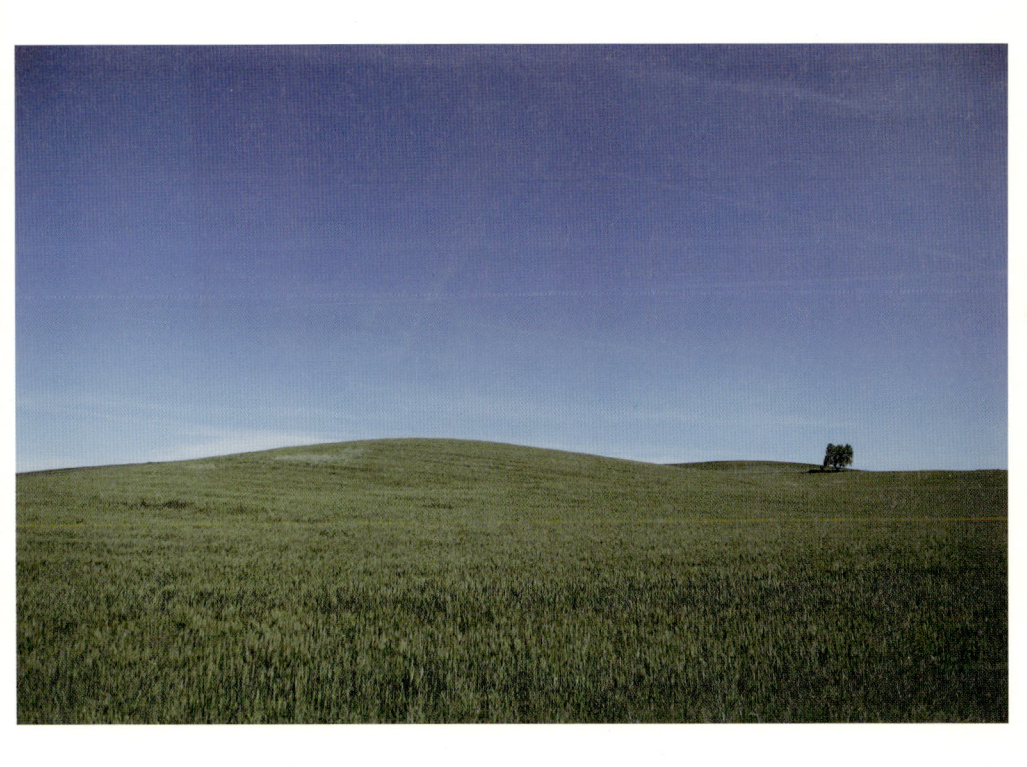

자신의 길을 걸어온 사람들

알베르게에 도착해서 저녁을 먹고 잠들기 전까지, 대략 저녁 7시에서 10시 사이가 카미노에서는 매우 중요한 시간이다. 오히려 걸을 때보다 생각이 더 많아지기 때문이다. 어떤 이들은 충분히 쉬고 내일을 준비하기 위해 바로 잠자리에 든다. 누군가는 바에서 사람들과 저녁을 먹으며 와인이나 맥주를 즐긴다. 또다른 이들은 책을 읽거나 글을 쓰며 사색의 시간을 보낸다.

모두 다른 모습이지만, 한 가지는 같다. 오늘 자신의 길을 걸은 순례자들이라는 것 말이다.

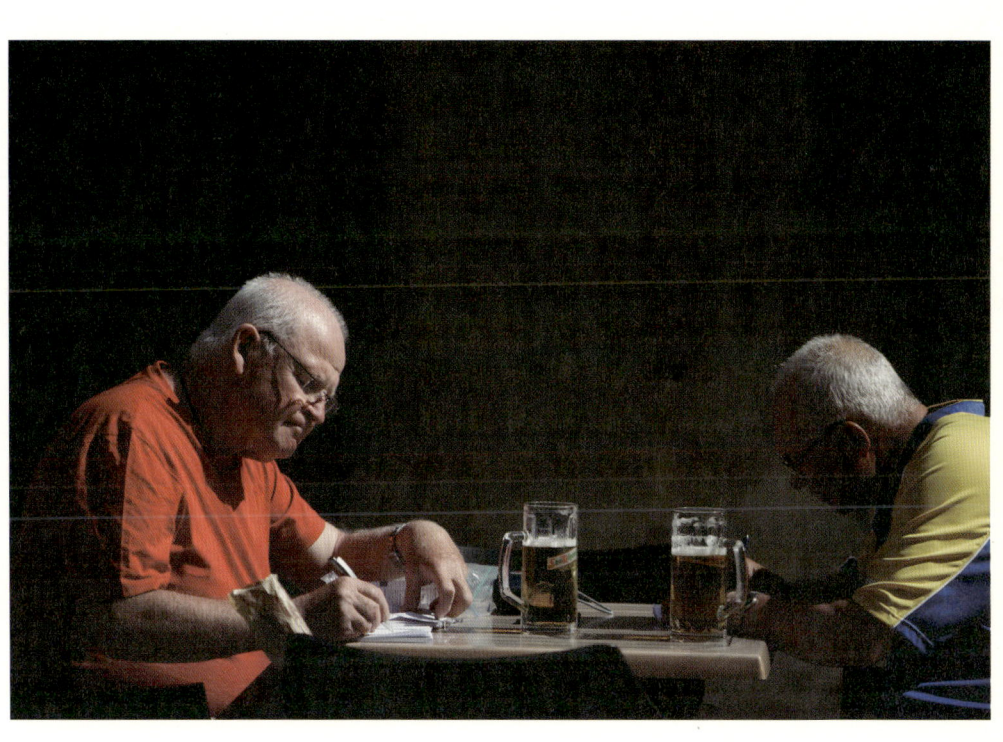

마음의 거리만큼
카메라의 거리도 가까워진다

함께 걷는 사람들과 얼마나 가까워졌는지, 사진을 찍으며 체감하게 된다. 16mm 렌즈로 이렇게 가까이 찍으려면 코앞에 카메라를 들이대야 한다. 게다가 물집을 터뜨리는 모습이라니. 창피해할 수도 있는 순간인데도, 의식하지 않고 제 할 일을 한다. 마음을 열어준 것이다.

사실 이런 장면들을 찍고 싶었다. 굳이 어떤 촬영지 포인트에서 카메라를 드는 게 아니라 함께 걸으며 이 사람들을 담고 싶었다. 이들의 삶이 결국 나의 삶이기도 하니까. 사진으로 치면 큰 의미가 있는 장면은 아니지만, 정말 찍고 싶었던 건 이런 사진이었다.

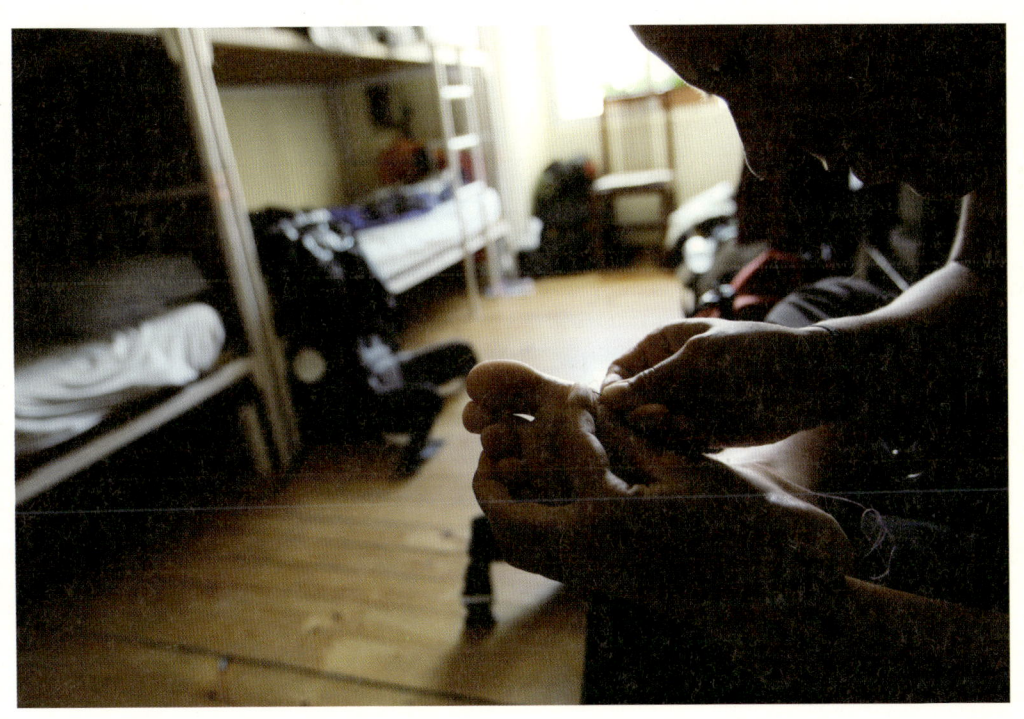

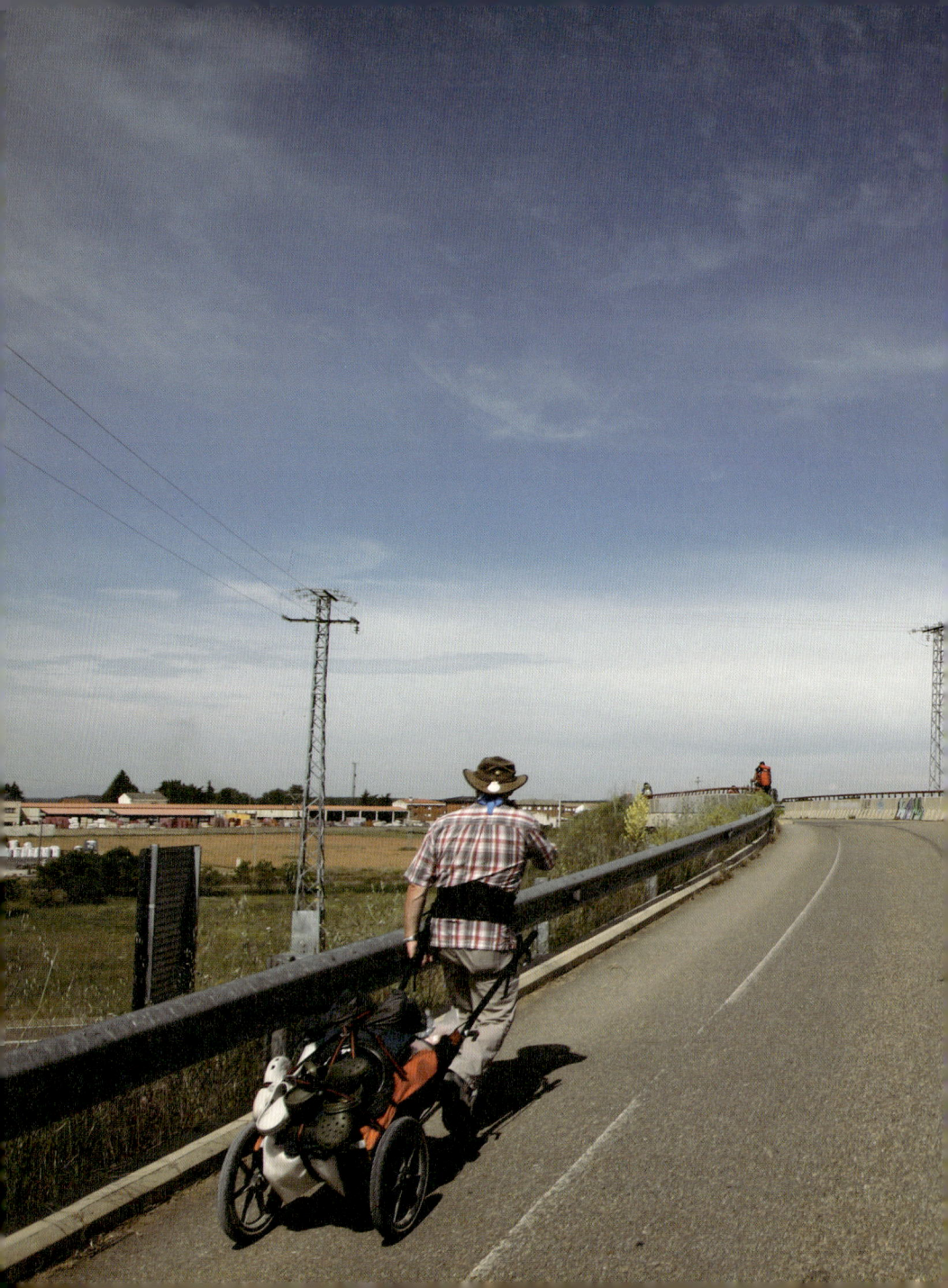

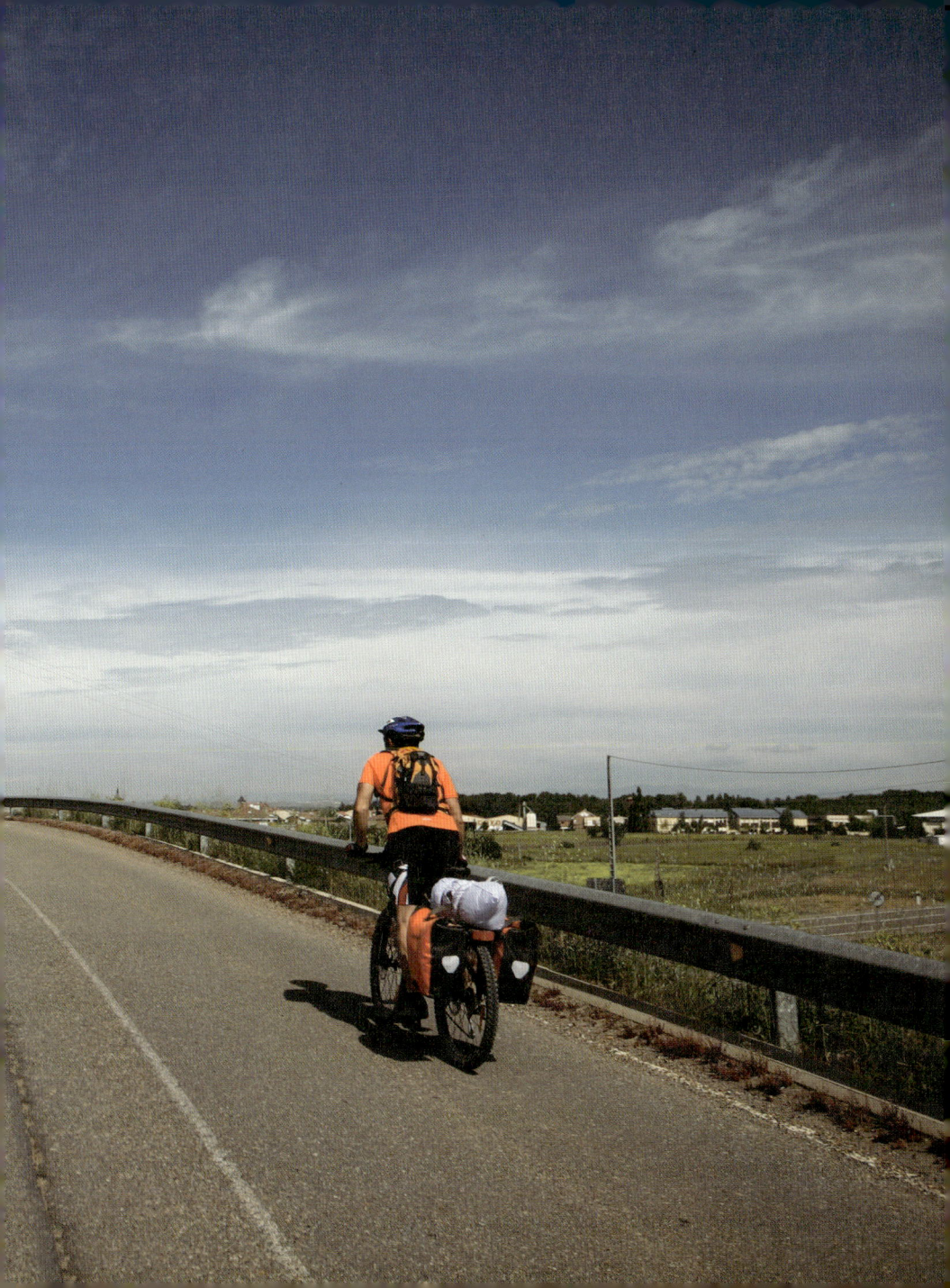

마음의 돌을 내려두고 떠나는 곳

카미노 길 곳곳에는 십자가가 있다. 그중에서도 폰세바돈 언덕 정상에 있는 '철십자가'는 순례자들이 고향에서 가져온 돌을 두고 속죄의 기도를 올린 후, 지난 죄와 허물들을 모두 놓고 가는 곳으로 알려져 있다. 아마도 고향의 돌을 가져오는 건 수행의 의미이기도 했을 것이다. 카미노를 걷는 이들이 점점 많아지며 언제부턴가는 참회의 돌뿐 아니라 소원의 돌도 쌓아놓는다고 한다. 저마다 품고 있던 마음의 돌을, 사진을, 편지를 내려두고 떠나는 곳이 된 거다.

한국에서 가져온 건 아니지만, 나도 부랴부랴 돌을 준비했다. 그리곤 이렇게 적어 십자가 아래 두었다. "Dear people whom I know I hope that you are happy and well."

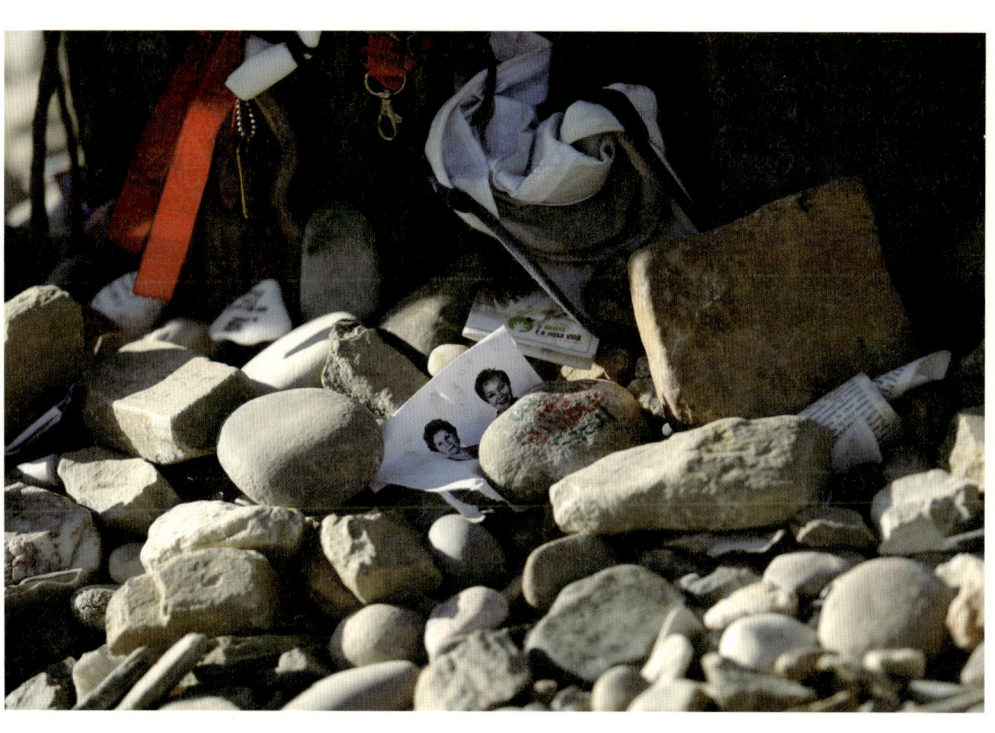

철 십자가 앞에서

비슷한 속도로 걸어온 이탈리아 부부가 있다. 백발에 흰 수염까지 무성한, 조금은 거친 인상의 아저씨와 말 없이 항상 웃는 온화한 인상의 아주머니 부부다. 아저씨에게 우리 일행이 붙여준 별명은 '1초에 세 마디'였다. 말이 빠를 뿐 아니라 와인이라도 한잔하면 엄청나게 큰 목소리로 더 빠르게 말하곤 했기 때문이다. 아저씨는 이른 아침에 떠나는 순례자들을 향해 트위스트 비슷한 허리춤을 추기도 할 정도로 무척 유쾌한 분이었다.

그런 아저씨가 웃음기 없이 경건하게, 침묵과 슬픔에 잠긴 모습으로 철 십자가 앞에 무릎을 꿇고 있었다. 기도를 하고 있는 듯했다. 그 모습을 보고 있자니 알 수 없는 아픔이 전해져 가슴이 아렸다. 기도를 마치고 일어나 나를 발견한 아저씨는 평소처럼 웃으며 손을 흔들어 인사했다. 나는 조금 어색한 웃음으로 화답했다. 나중에 들은 이야기이지만, 그는 저세상으로 먼저 간 아들을 위해 기도했다고 한다. 십자가를 뒤로 하고 다시 길을 나서던 아저씨의 뒷모습이 오래도록 기억에 남을 것 같았다.

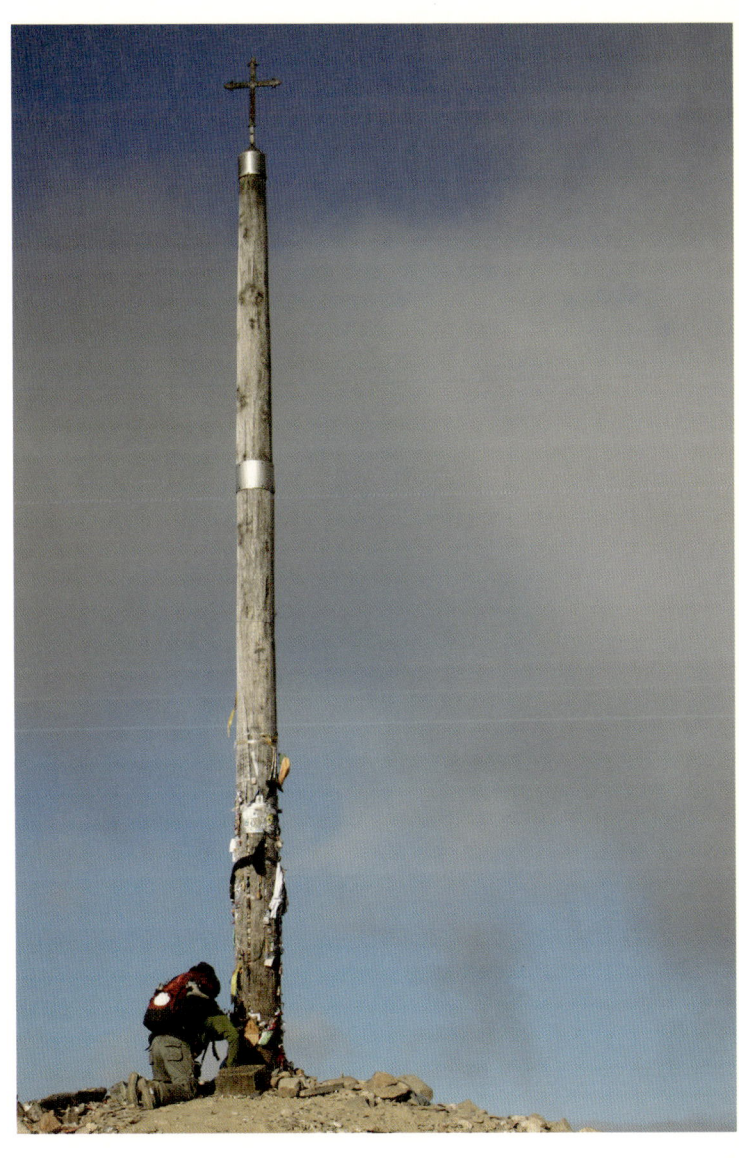

걸으며 사진을 찍는다는 것은

길을 걸으며 조금씩 생각이 정리되기 시작했다. 커다란 구름 덩어리가 작게 흩어져 깨끗한 하늘이 되는 것처럼, 해답을 찾는 게 아니라 '정리'가 되는 것이다. 발걸음도 조금씩 가벼워졌다. 내 의지와 무관하게 발은 발대로 걸음을 옮기고 손에 든 카메라는 피사체를 자동으로 인식한다. 찍고 싶다는 생각을 하는 순간 그것, 혹은 그 누군가가 어느새 뷰파인더에 들어와 있다.

사진을 찍는다는 것, 그것은 사진에 담긴 이들의 기쁨, 고통, 슬픔, 희망을 이야기한다는 것이다. 나는 그들과 함께 걷고, 먹고, 자며 조금 더 진실되게 그들을 표현할 수 있었다. 그들을 통해 나를 보고 느낀다. 결국 그들이 아니라 나 자신을 찍고 있었던 것이다.

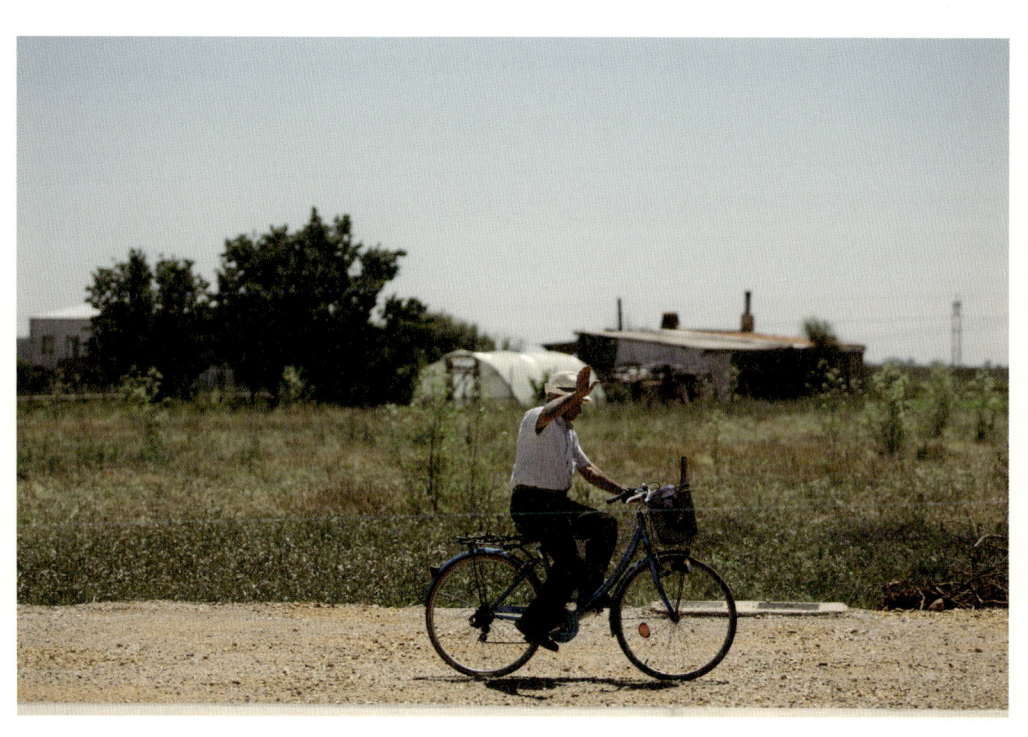

세상에서 가장 부러운 사람

순례자 협회에서는 걷기, 자전거 등 무동력으로 100km 이상을 온 사람에게만 순례자 완주증명서를 발급해준다. 걷다 보면 생각보다 자전거를 이용하는 순례자들을 많이 만나게 된다. 첫 출발지인 생장에서는 자전거를 별로 보지 못했는데, 점점 더 많은 라이더들이 보였다. 내리막에서 달려 내려가는 자전거를 볼 때면, 나에게도 자전거가 있었으면 좋겠다는 생각을 했다.

길을 걸을 때 가장 부러운 이들은 내리막에서 자전거를 타고 가는 이들이었다. 절대 부럽지 않은 사람은? 오르막에서 자전거를 타고 오르는 순례자들이었다.

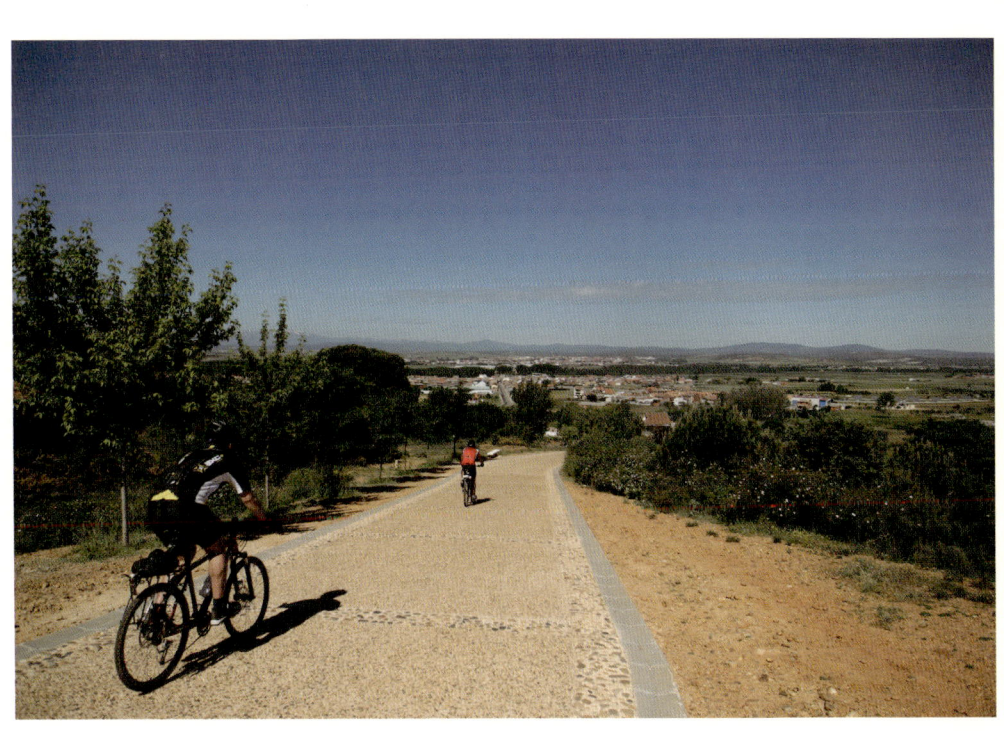

카미노에서 반드시 지키는 질서

카미노에서 반드시 지키는 질서가 하나 있다. 바로 알베르게의 배낭 줄이다. 알베르게가 문을 열기 전에 도착한 순례자들은 문 앞에서부터 차례차례 배낭을 세워둔다. 배낭 순서대로 원하는 자리를 잡을 수 있기 때문이다(간혹 약속을 어기는 사람들도 있다. 카미노를 걷는다고 늘 좋은 일만 있는 건 아니다).

알베르게의 정원이 차면 늦게 온 순례자들은 다른 곳으로 가야 한다. 비싼 사설 숙소에 묵거나, 다음 알베르게까지 또 걸어야 하는 것이다. 정원이 적은 알베르게로 향하는 날은 안정적으로 숙소를 구하기 위해 걷기 대회에 출전한 선수처럼 걸어야 했다. 카미노에서도 경쟁을 하게 될 줄이야.

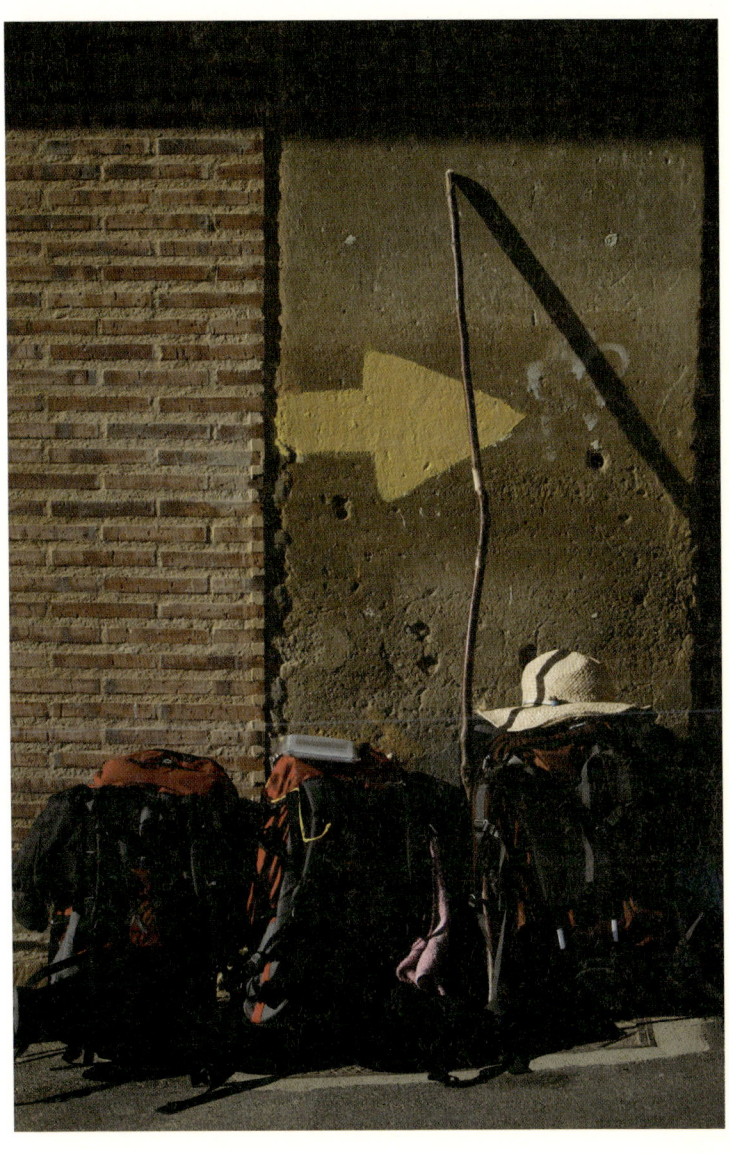

순례자의 합창

조금 일찍 도착한 탓에 숙소의 문이 열리기까지 한 시간쯤 기다려야 했다. 어깨를 짓누르던 배낭을 줄 세우고, 신발을 벗고 가벼운 마음으로 사람들과 이야기를 나눴다. "오늘은 어땠어?" 여기저기 웃음소리와 오늘의 길을 이야기하는 수많은 언어들로 알베르게 앞은 시장통처럼 시끌벅적했다.

그때 어디선가 굵은 목소리가 들렸다. 누군가 기다리는 게 따분했는지 노래를 부르기 시작한 거다. 그러자 옆에 있던 사람도 함께 노래를 불렀다. 또다른 이는 화음을 넣었다. 즉석에서 결성된 합창단의 흥겨운 노래가 바람을 타고 길을 걷는 듯했다.

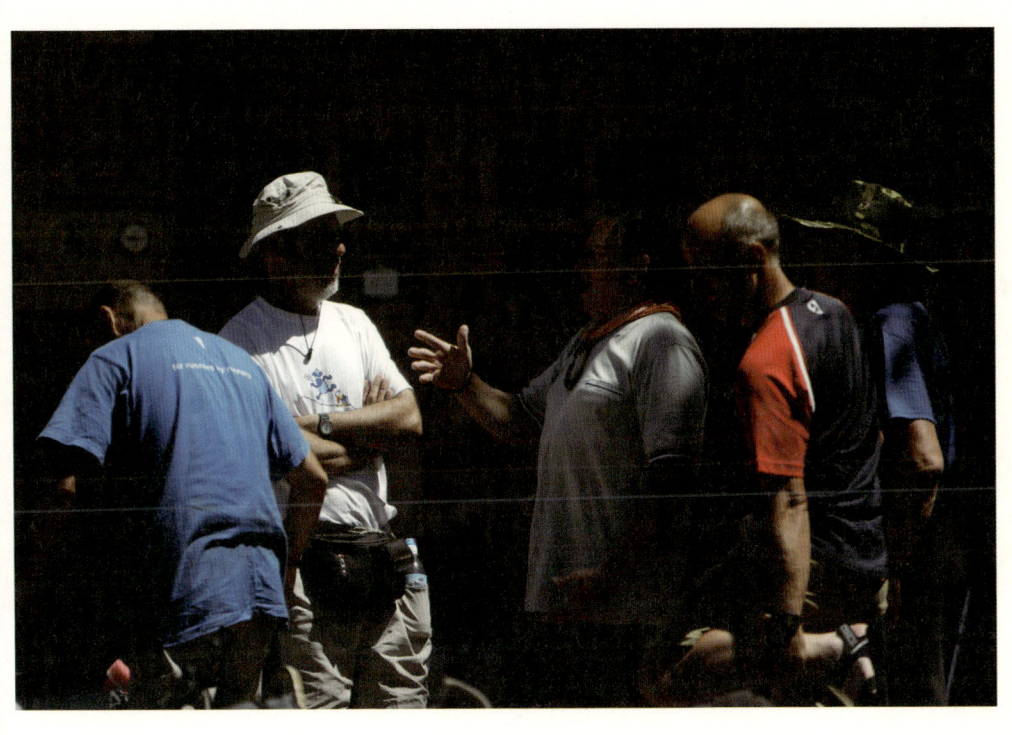

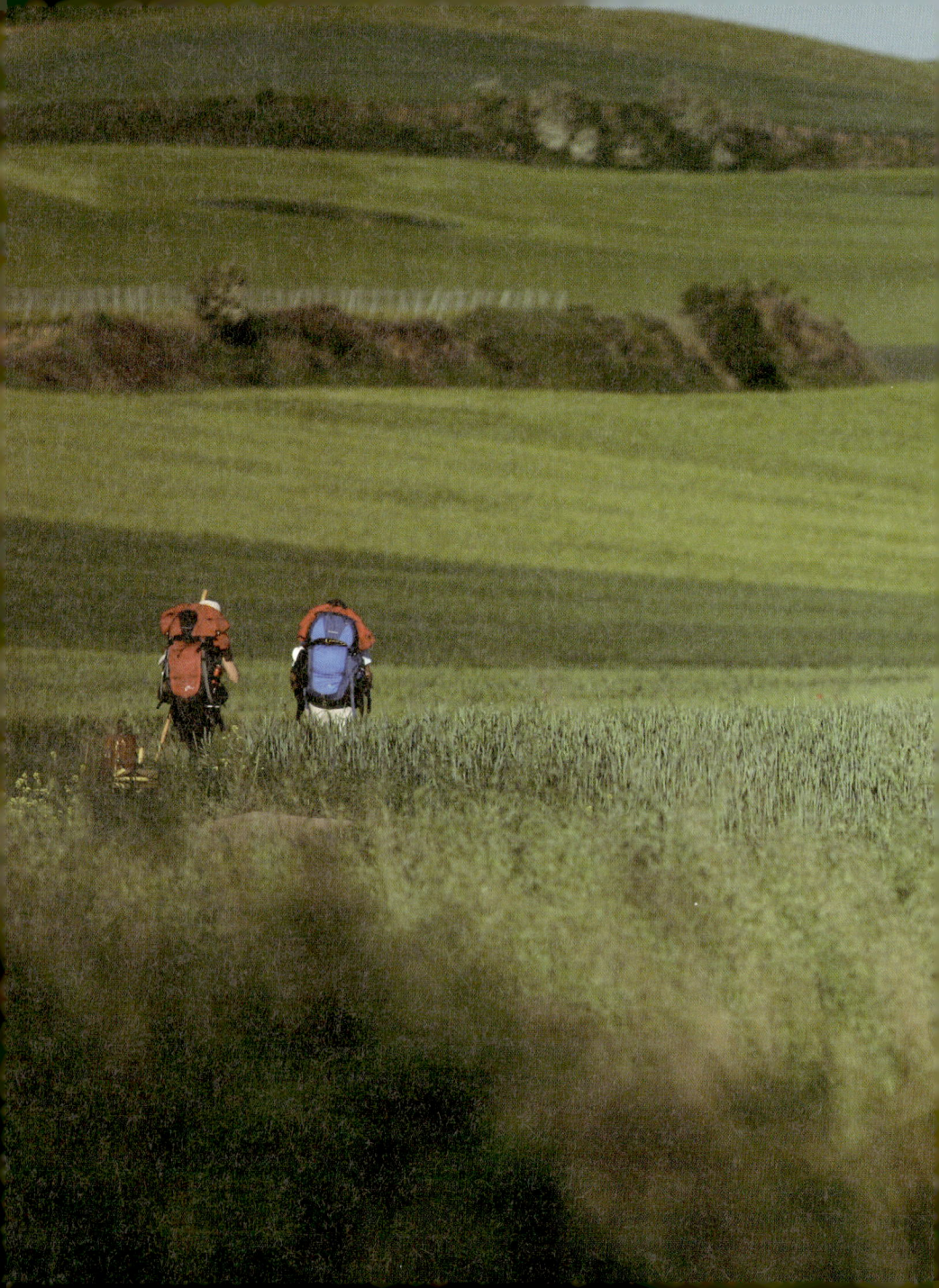

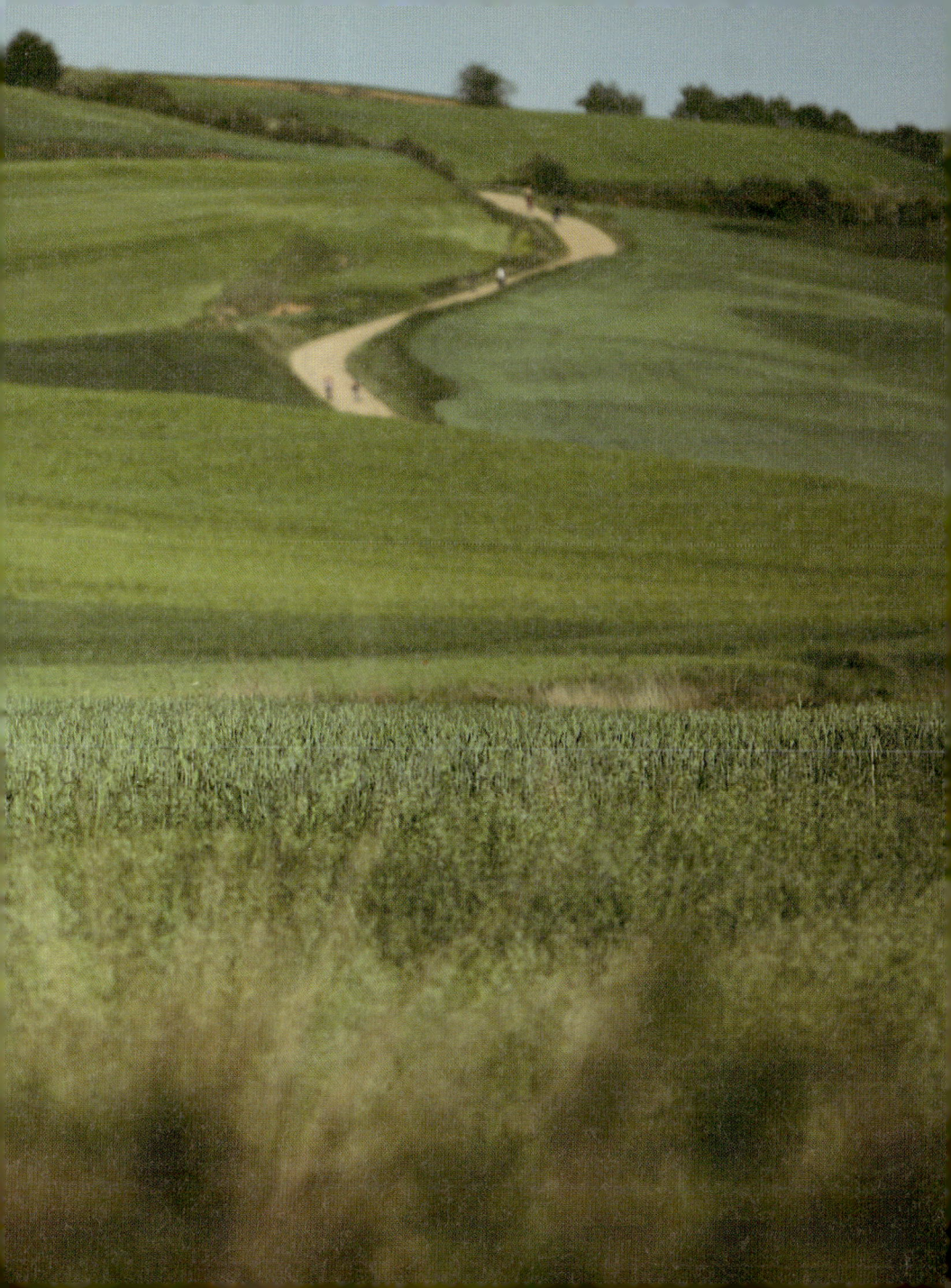

걸으며 길에서 터득하는 것들

걷다 보면 허수아비처럼 배낭에 옷을 걸고 다니는 이들이 꽤 있다. 덜 마른 빨래를 걸어둔 거다. 햇볕이 워낙 뜨겁기 때문에 빨래는 금세 바짝 마른다.

빨래를 말린다거나, 신발 밑창 아래에 생리대를 넣어 쿠션처럼 사용한다거나, 걷는 내내 물을 시원하게 마실 수 있는 방법 등 걸으며 길에서 터득하는 것들이 있다. 물을 마시는 법은 제주 올레길을 걸으며 알게 된 건데, 아주 유용하다. 500ml 물통 두 개만 있으면 된다. 일단 한 통은 알베르게에 도착하자마자 아침까지 꽁꽁 얼린다. 그리곤 길을 나설 때 나머지 물통 하나에 물을 채우고 배낭 양쪽에 꽂으면 끝. 얼린 물통에 물을 조금씩 부어 마시면 도착할 때까지 시원한 물을 마실 수 있다. 작은 팁이지만 길에서만큼은 소중한 정보들이다.

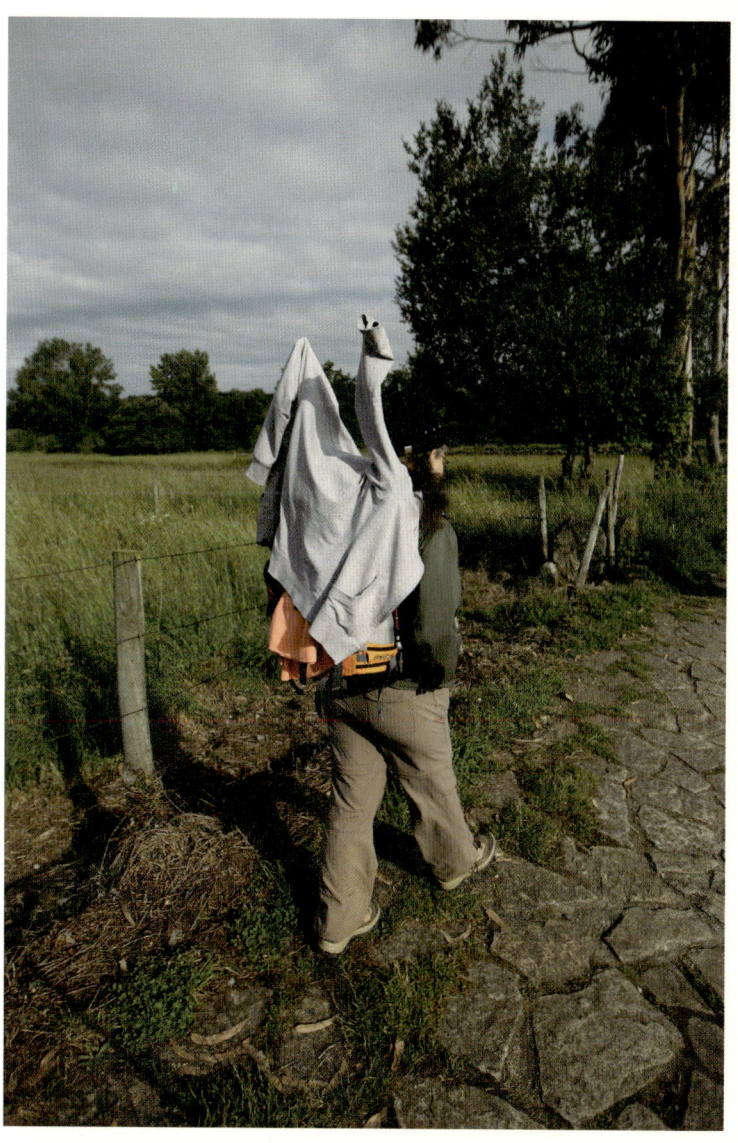

마음으로 사진을 찍을 때도 필요하다

비에 젖은 카메라가 말썽이었다. 결국 사진 찍기를 포기했다. 눈보라에, 뜨거운 태양에, 폭우, 안개까지 변화무쌍한 날씨를 버텨내느라 카메라도 그동안 무리했다. 지난 30여 일을 잘 견뎌준 게 고맙기만 하다. 그래서 오늘은 카메라에게 휴가를 주기로 했다.

진흙탕 길과 안개를 뚫고 도착한 알베르게는 유난히 고요했다. 비와 추위에 모두들 힘들었는지 일찍 단잠에 빠져 있다. 내 옆 침대에는 부부가 1층과 2층에 누워 있었다. 2층에 있던 아내가 조용히 1층 쪽으로 손을 내리자 1층에 있던 남편이 손을 올린다. 둘은 잘 자라고 속삭이며 손을 어루만졌다. 어둠 속에서 부부의 곡진한 정이 느껴졌다. 사진을 찍을 수 없었지만(찍고 싶은 마음이 간절했지만) 보는 것만으로도 행복해졌다. 그들이 마지막까지 서로의 손을 잡아주는 믿음으로 함께하기를 마음으로 바랐다. 가끔은 마음으로 사진을 찍을 때도 필요하다.

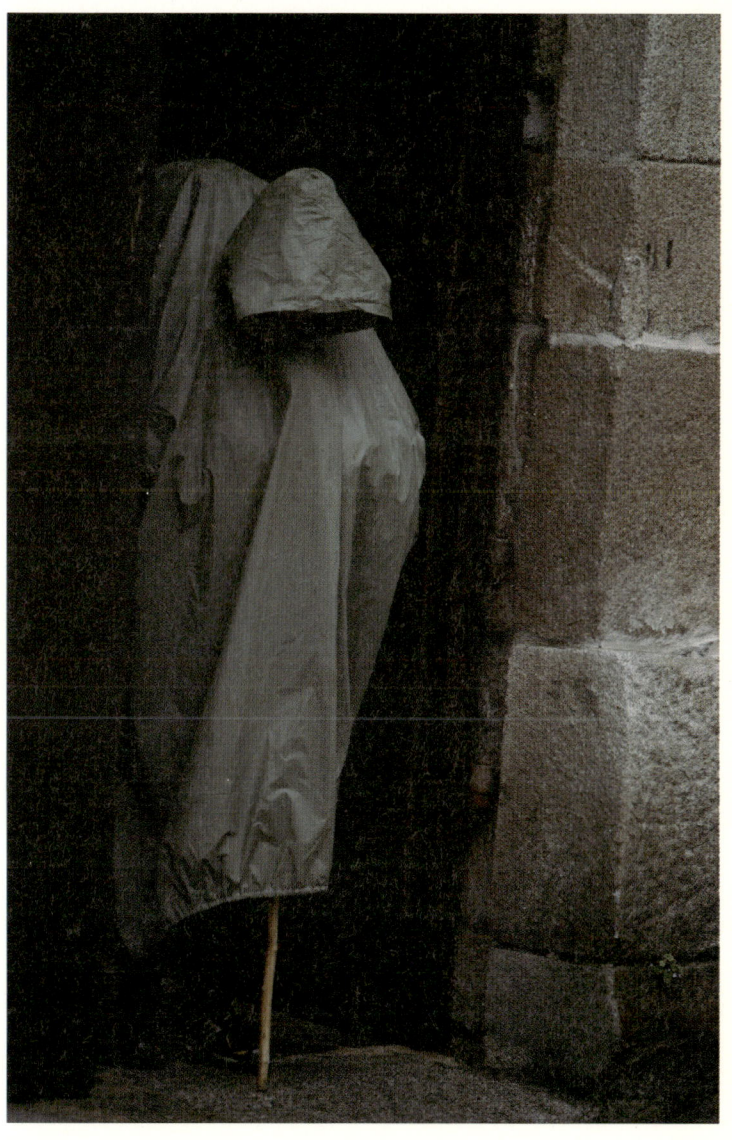

생각해보면 좋았던 날이 훨씬 많았다

오른손은 지팡이를, 왼손은 당장이라도 바람에 날아갈 것 같은 모자를 누르며 서 있는 알토 데 산 로케Alto de San Roque의 순례자 전신상을 지났다. 비와 안개 때문에 주변 풍경을 제대로 볼 수는 없었지만, 조형물을 보고 있는 것만으로도 감동이 밀려왔다. 얼마나 많은 사람들이 저 순례자처럼 세찬 비바람을 맞으며 이 길을 걸었을까.

오늘, 나도 그 수많은 사람 가운데 한 명이었다. 컨디션도 최악, 사진도 최악, 기분도 최악이지만 살다 보면 이런 날도 있는 거다. 생각해보면 이런 날이 살면서 처음도 아니요, 좋았던 날이 훨씬 많았다. 오늘 하루만 무사히 잘 넘긴 뒤 자고 일어나면 괜찮아질 거다. 그렇게 믿기로 했다.

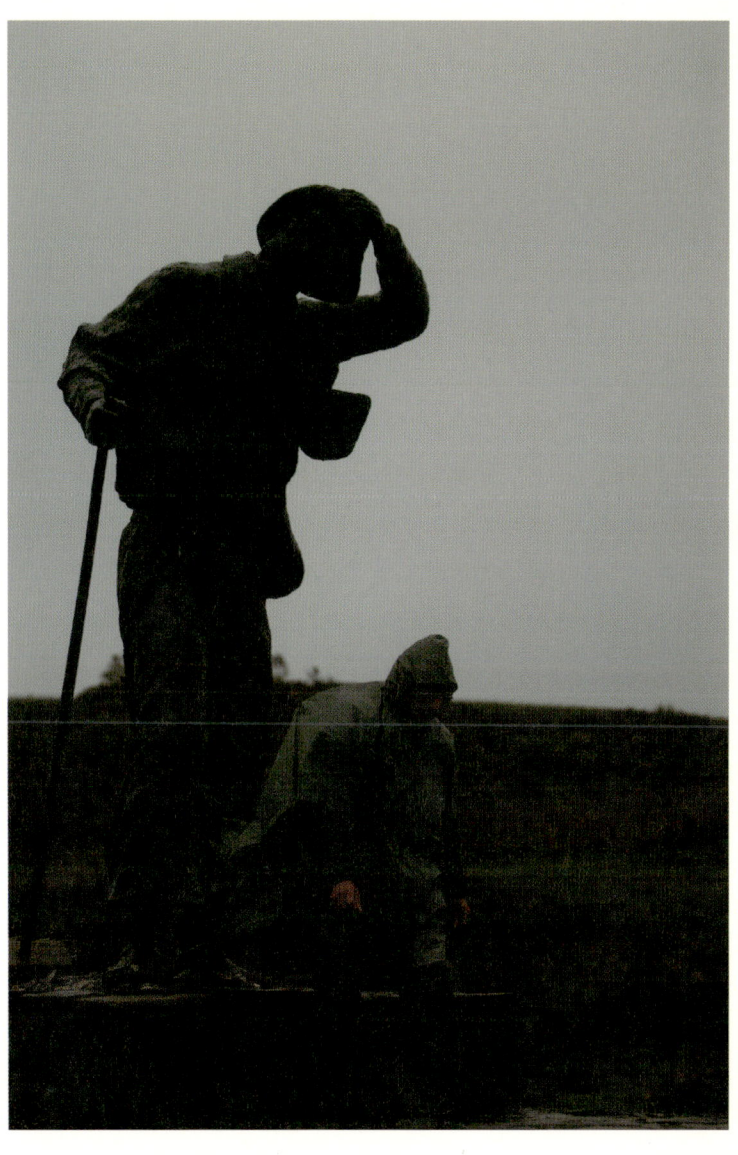

한 걸음만 더 내딛으면

산티아고까지 100km 남았다는 표지석이 보였다. 이제 한 걸음만 내딛으면 세 자리 숫자가 두 자리로 바뀌는 거다. 사람들의 표정이 밝아졌다. 우리 모두 얼마 나 기다렸던가. 가던 길을 멈추고 지나가던 순례자들과 기념사진을 찍었다. 누 구는 나무 지팡이를, 누구는 꽃줄기를 번쩍 들고 있다. 한 팔을 추켜올린 사람, 환호하는 사람, 저마다 다른 방식으로 기쁨을 표현했지만 하나만큼은 똑같았다. 환하게 웃는 표정. 오래오래 기억에 남을 한 장면이다.

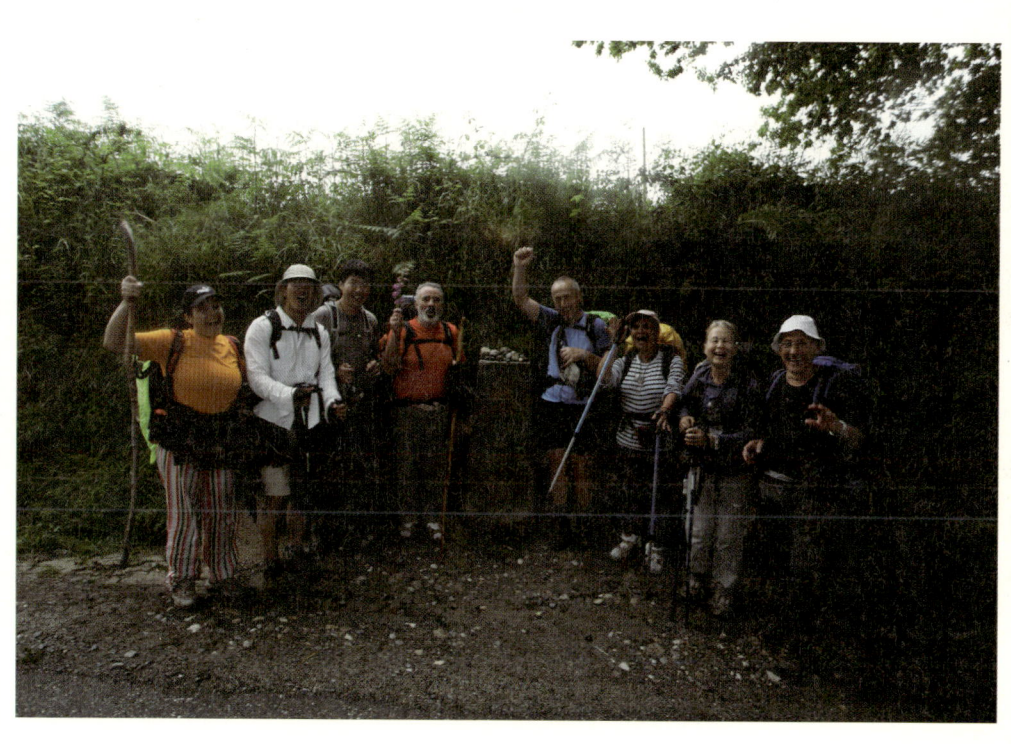

카미노 위의 사람들

그는 친절하다.

그녀는 웃음이 많다.

그 부부는 다정하다.

그 할아버지는 윙크를 잘한다.

그 할머니는 말이 없다.

그 아저씨는 재미있다.

그 청년은 빠르게 걷는다.

그녀는 심하게 코를 곤다.

그는 혼잣말을 잘한다.

그녀는 음악을 듣는다.

그들은 노래를 부른다.

그 할머니는 늦잠을 잔다.

그 연인은 키스를 한다.

그 사람은 와인을 마신다.

그 남자는 배낭이 크다.

그 여자는 배낭이 없다.

그 젊은이는 나무 밑에서 책을 읽는다.

그는 사진을 찍는다.

우리는 모두 걷는다.

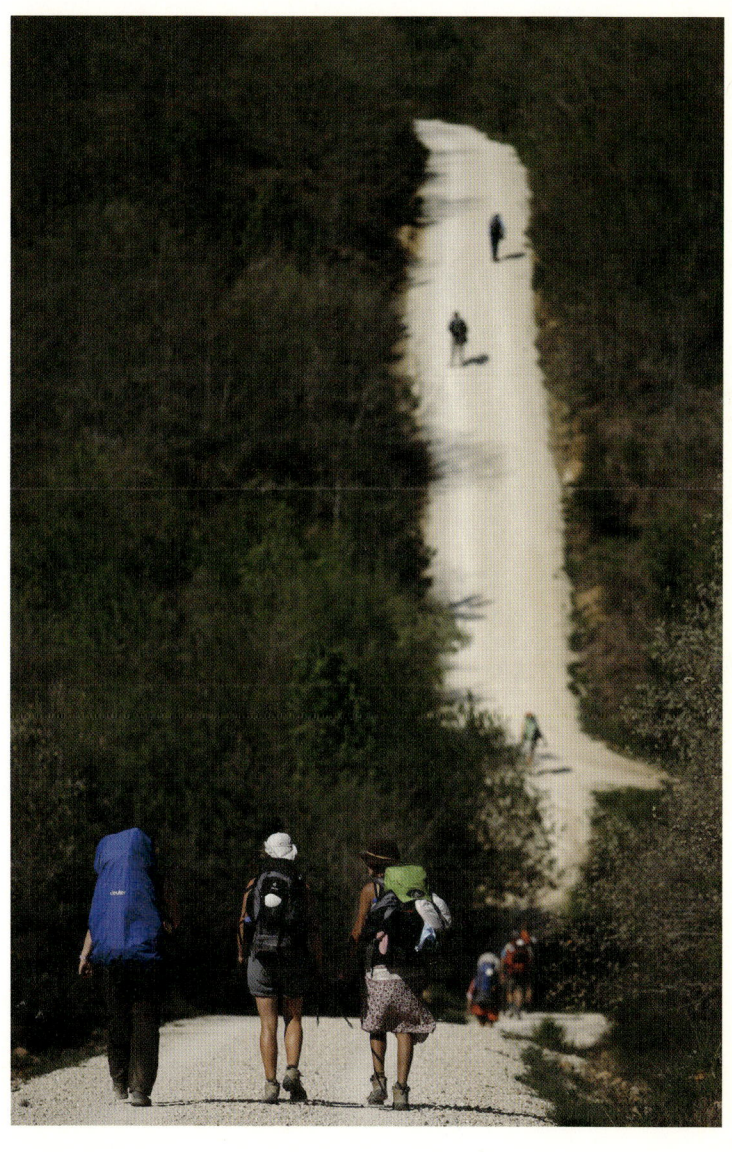

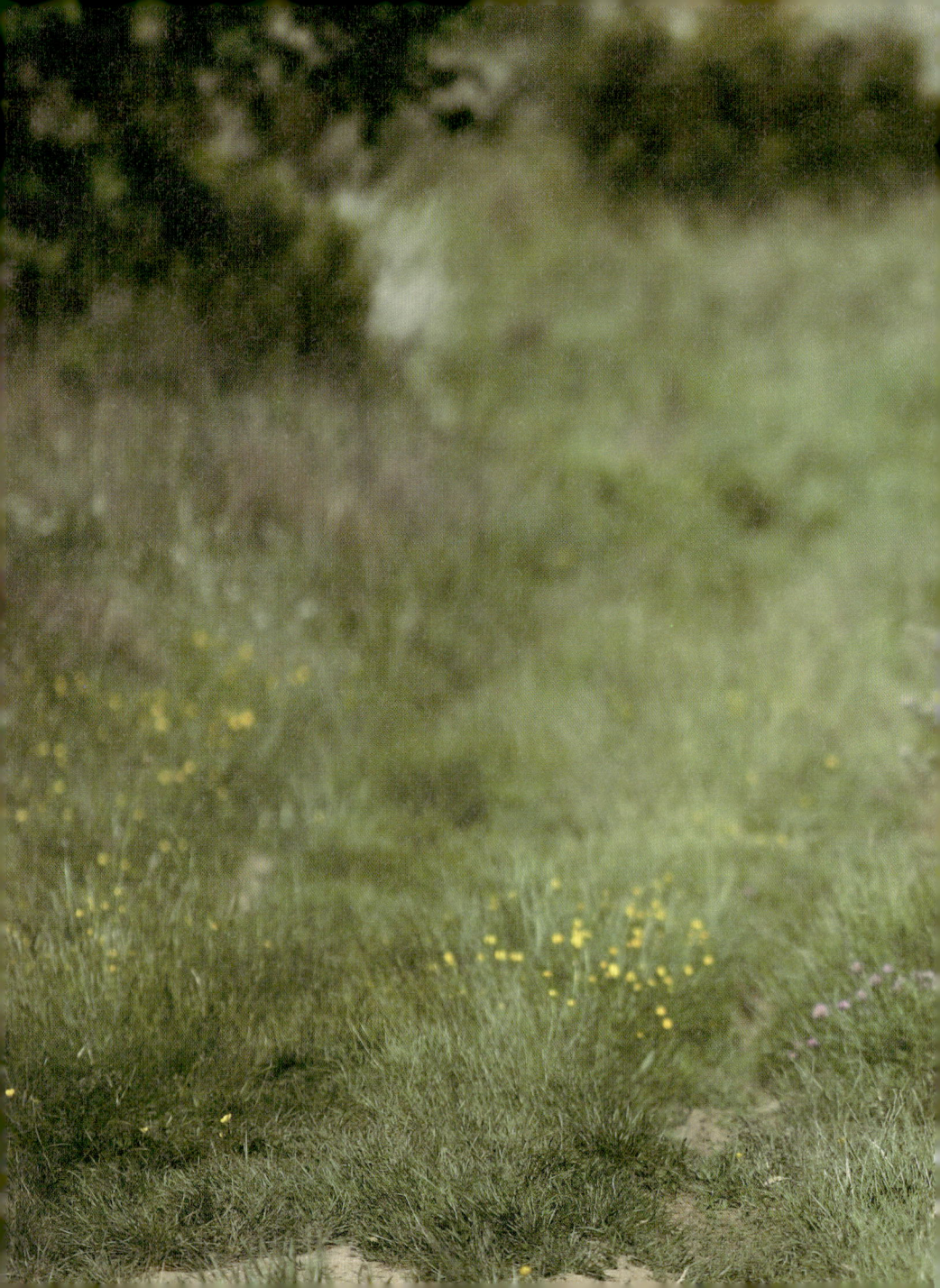

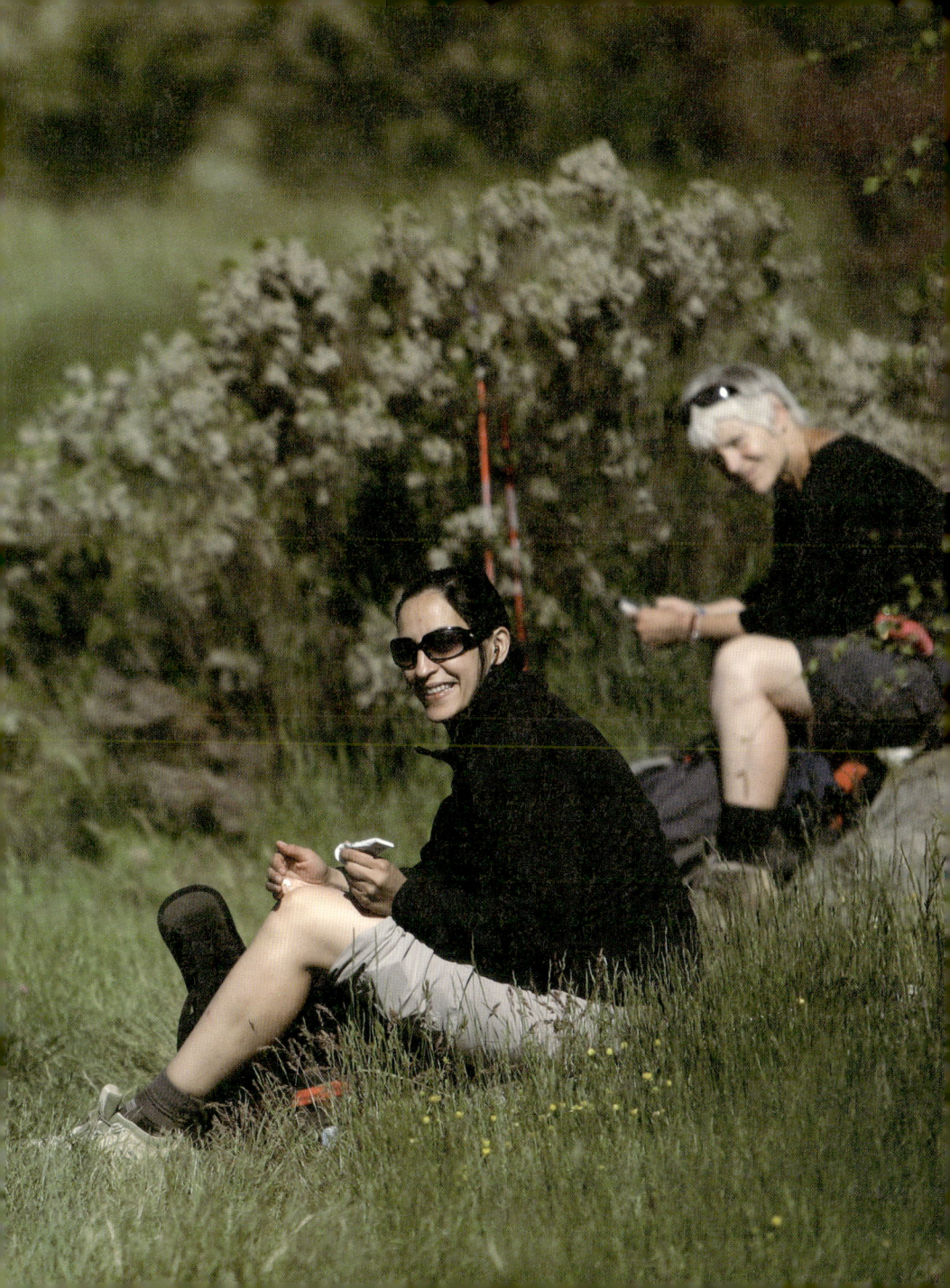

40일의 짧은 인생이 끝나려 할 때

목적지에 다가갈수록 많은 순례자들이 아주 천천히 움직인다. 자신이 바로 여기에 있음을 음미하려는 듯한 더딤이다. 처음 걷기 시작할 때와 비교해보면 표정도 확연히 변했다. 굳어 있던 얼굴은 이제 웃음으로 가득하다. 반면 마음에는 아쉬움이 생기기 시작한다. 하루에 25~30km씩 걸어왔다면, 20, 18… 서서히 걷는 거리를 줄이게 된다. 이 길에서 느꼈던 행복이 곧 끝날 것이라는 아쉬움 때문이다. 인생도 그렇지 않은가.

40일간 걸어온 짧은 인생이 곧 끝나고, 목적지에 도착한다고 생각하니 성취감보다는 아쉬움이 커졌다. 내일도 잘 모르는 인생인데 40일 동안 가야 할 길이 정해져 있다는 건 참 명쾌한 일이었다. 매일 걷던 길인데, 세상이 마치 슬로우 비디오처럼 흘러가는 듯했다.

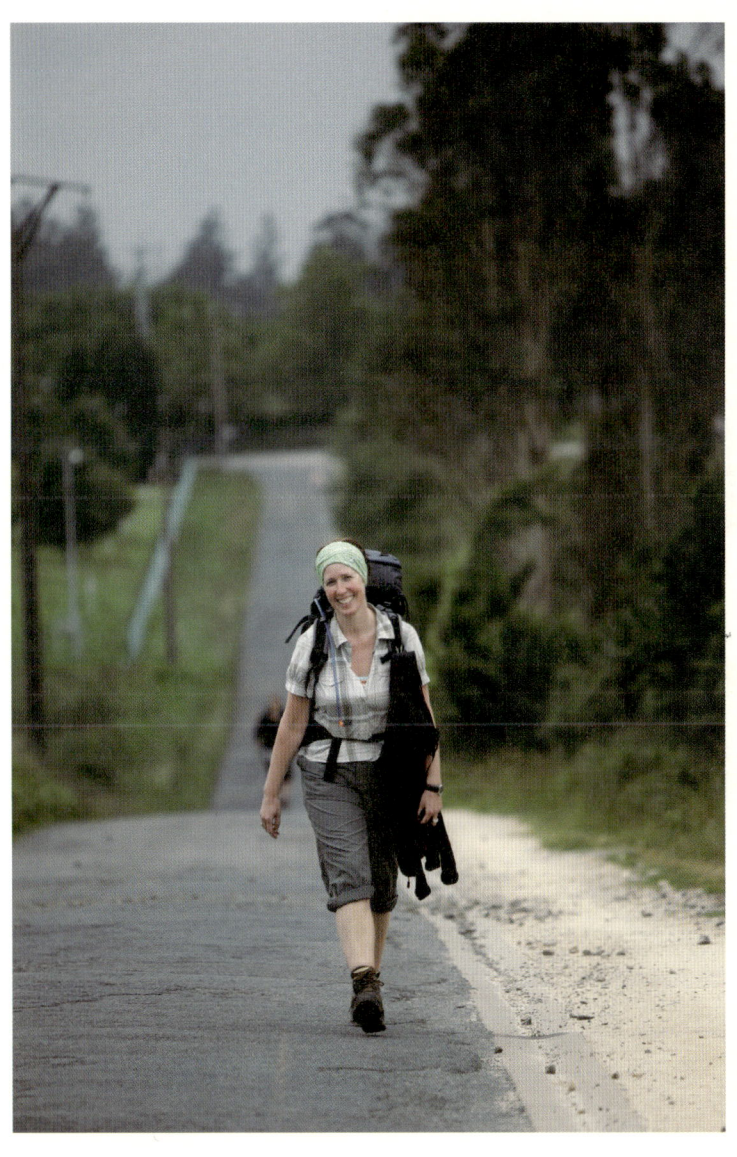

길에서 필요한 건 생각보다 많지 않다

40여 일을 함께한 양말이다. 짐을 줄이기 위해 양말을 딱 두 켤레만 가지고 출발했는데 그중 한 켤레는 산티아고 대성당에 도착했을 때 새로운 기분으로 신고 싶어서, 그날을 위해 가방 제일 밑에 챙겨두었다. 덕분에 알베르게에 도착하자마자 항상 맨 처음 하는 일이 양말을 빠는 거였다. 그렇게 양말 한 켤레로 버텼다. 뒤돌아보면 길 위에서는 필요한 것이 생각보다 많지 않았다.

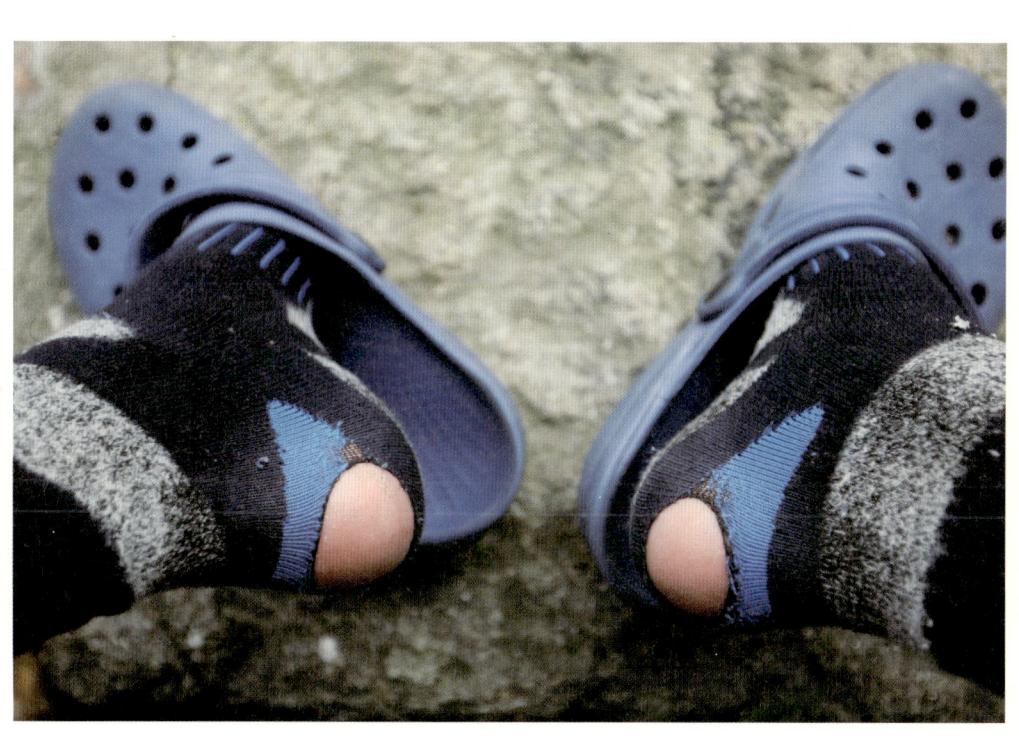

굿바이 대신 굿나잇

일행들과의 마지막 저녁식사였다. 하루만 더 걸으면 드디어 도착하는 것이다. 마지막으로 각자 음식을 만들어 함께 먹기로 했다. 파스타, 토르티야, 볶음밥 등 다양한 저녁 메뉴가 만들어지는 동안 장난기 넘치는 '1초에 세 마디' 아저씨는 요리보다는 셰프 흉내를 내느라 분주했다. 아저씨의 말을 알아들을 수는 없었지만 모두가 크게 웃었다. 낯선 이로 만나, 이렇게 웃을 수 있는 사이가 되기까지 길 위에서 함께 보낸 시간이 스쳐갔다. 마치 길에서 만난 가족과도 같았다.

즐겁게 식사를 하고 잠자리에 들어야 할 시간, 차마 '굿바이'라는 말을 할 수가 없었다. 입이 떨어지지 않았다. 그래서 딱 오늘치 작별인사만 건넸다. "굿나잇"이라고.

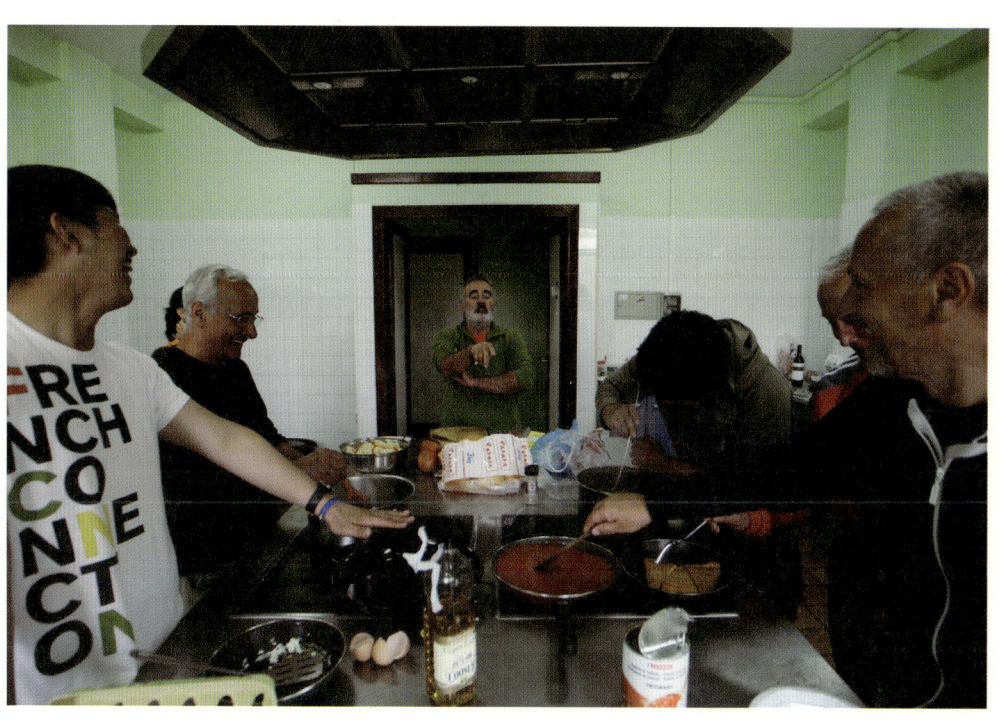

별이 떠 있는 들판에서

새벽 2시. 잠들지 못하고 계속 뒤척였다. 내일 아침이면 목적지에 도착한다는 설렘 때문인지 좀처럼 잠이 오지 않았다. 그 시간까지도 알베르게 안은 깨어 있는 사람들 소리로 어수선한 분위기였다. 다들 쉽게 잠들 수 없는 밤이었다.

잠시 밖으로 나가 밤하늘을 바라보았다. 간만에 별들이 보였다. 목적지인 '산티아고 데 콤포스텔라'는 야고보 성인의 무덤이 있는 곳이다. '별이 떠 있는 들판'이라는 뜻의 '캄푸스 스텔라'라는 명칭이 '콤포스텔라'로 바뀐 거라고 했다. 하늘을 올려다보니 별들이 내가 갈 곳을 안다는 듯 반짝이고 있었다.

밖에 먼저 나와 있던 한 순례자가 내게 카미노가 어땠는지 물었다. 몇 가지 단어만 떠오를 뿐 한마디로 정리할 수가 없었다. 그것을 한마디로 설명할 수 있다면 나는 이미 많은 것을 생각하고 버린 것일 게다.

그러나 적어도 배운 것은 있다. '길은 반드시 평등하지만은 않다. 자연은 절대 내 의지대로 움직이지 않는다. 사람은 길 위에서 절대 멈추지 않는다'라는 것을. 한참을 생각하고 있으니 질문을 던진 순례자가 빤히 바라보았다. 나는 그저 웃으며 이렇게 대답할 수밖에 없었다. "좋았어."

알베르게에서 맞는 아침도 오늘로 끝이다

오전 6시. 조용히 일어나 배낭을 정리한다. 이렇게 알베르게에서 아침을 맞이하고 걷는 일상도 오늘로 끝이다. 몬테 데 고조 Monte de Gozo에 있는 조형물을 한번 바라보고, 이 길의 끝인 산티아고 데 콤포스텔라의 대성당으로 향했다. 5km가 채 되지 않는 남은 길을 걷는다. 산책하듯 마음이 편하다.

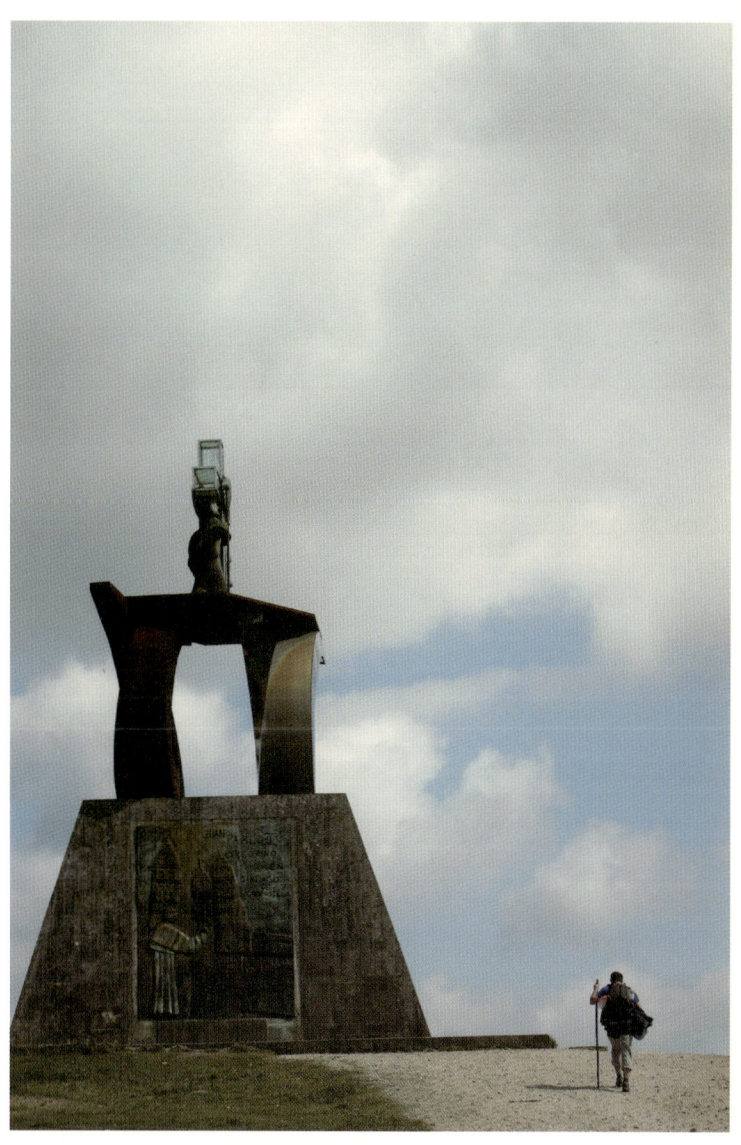

이른 아침 직장으로 출근하는 사람들,
버스 차창에 기대어 졸고 있는 할머니,
그리고 마지막 걸음을 내딛는 순례자들.
거리가 조금씩 움직이고 있다.

곧, 대성당에 도착한다. 아직도 실감이 나지 않는다. 목적지에 다다르면 새로운 길이 기다리고 있을 것을 안다. 이보다 더 험난하고 어려우리라는 것도 안다. 하지만, 내 앞에 놓여 있던 수많은 길 중 하나를 곧 끝낸다. 마침표를 찍고, 숨을 고르고 다시 길을 나서겠지만 말이다.

멀리 산티아고 데 콤포스텔라 대성당의 꼭대기가 보인다. 36일 간의 여정, 800km가 넘는 거리, 6만 장이 넘는 사진들, 2천 명이 넘는 순례자들, 324시간의 걷기, 1억4천4백만 보의 발걸음. 숫자로 본 나의 카미노다. 심호흡을 길게 한번 하고, 골목과 골목을 지나자 웅장한 자태의 대성당이 나타났다.

드디어 길의 끝에 온 것이다.

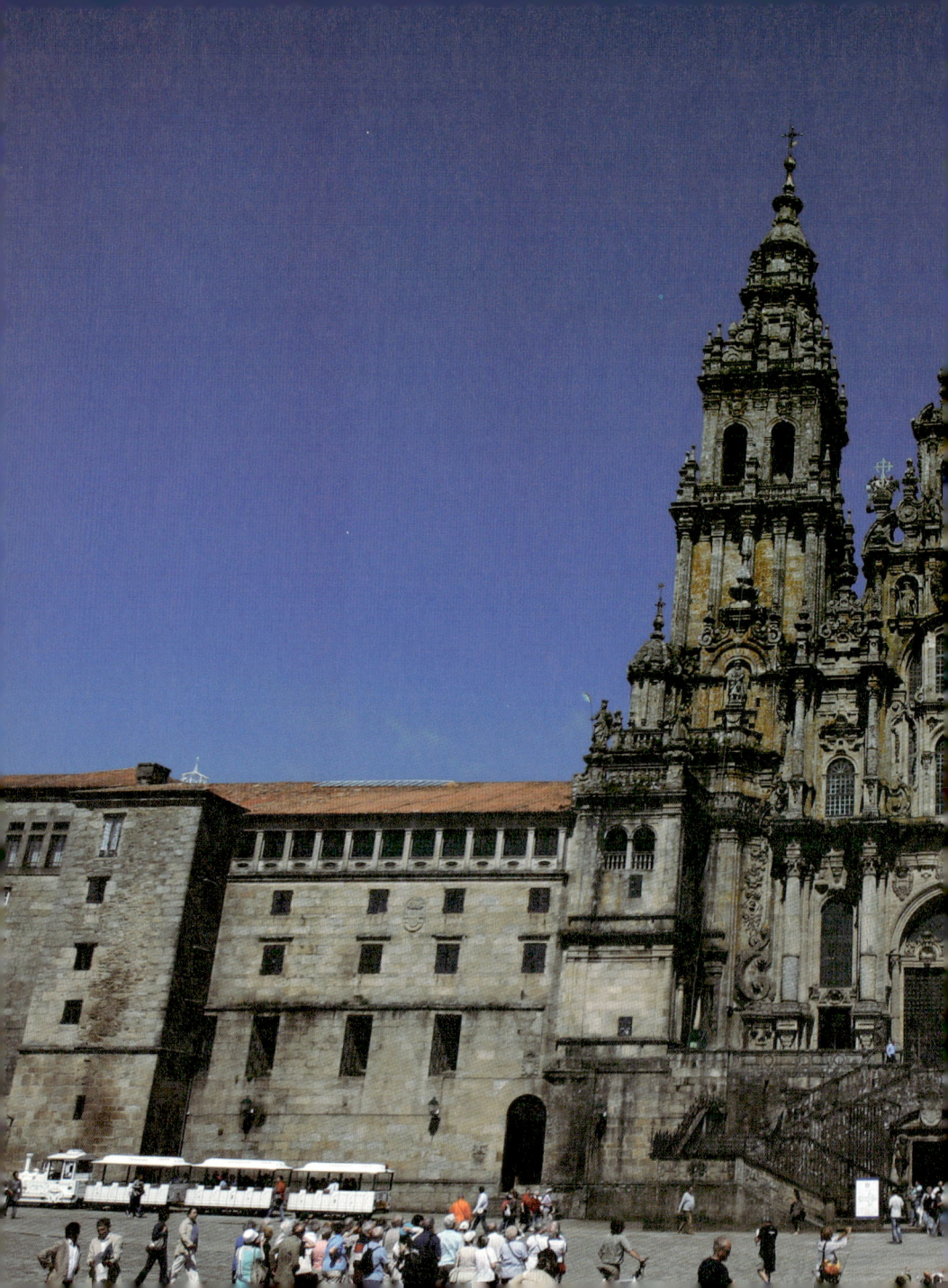

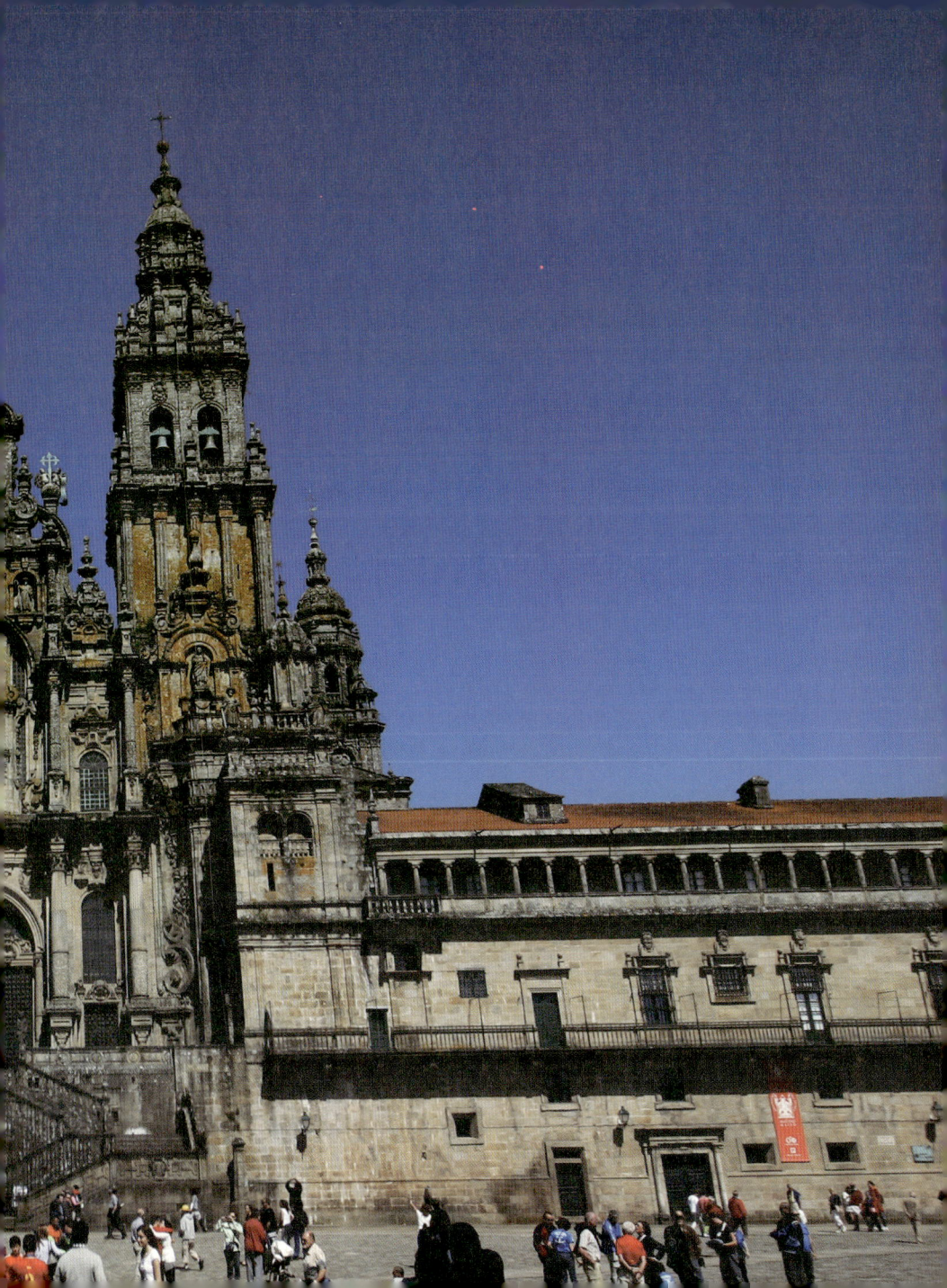

지난 시간 긴 걸음이
한순간처럼 스쳐 지나간다.
기쁨, 감격, 홀가분함,
한편으로 다가오는 허탈함과 공허함까지
사람이 느낄 수 있는 모든 감정들이
한꺼번에 밀려왔다.
그렇게 한참을 서 있었다.
아무 말 없이.

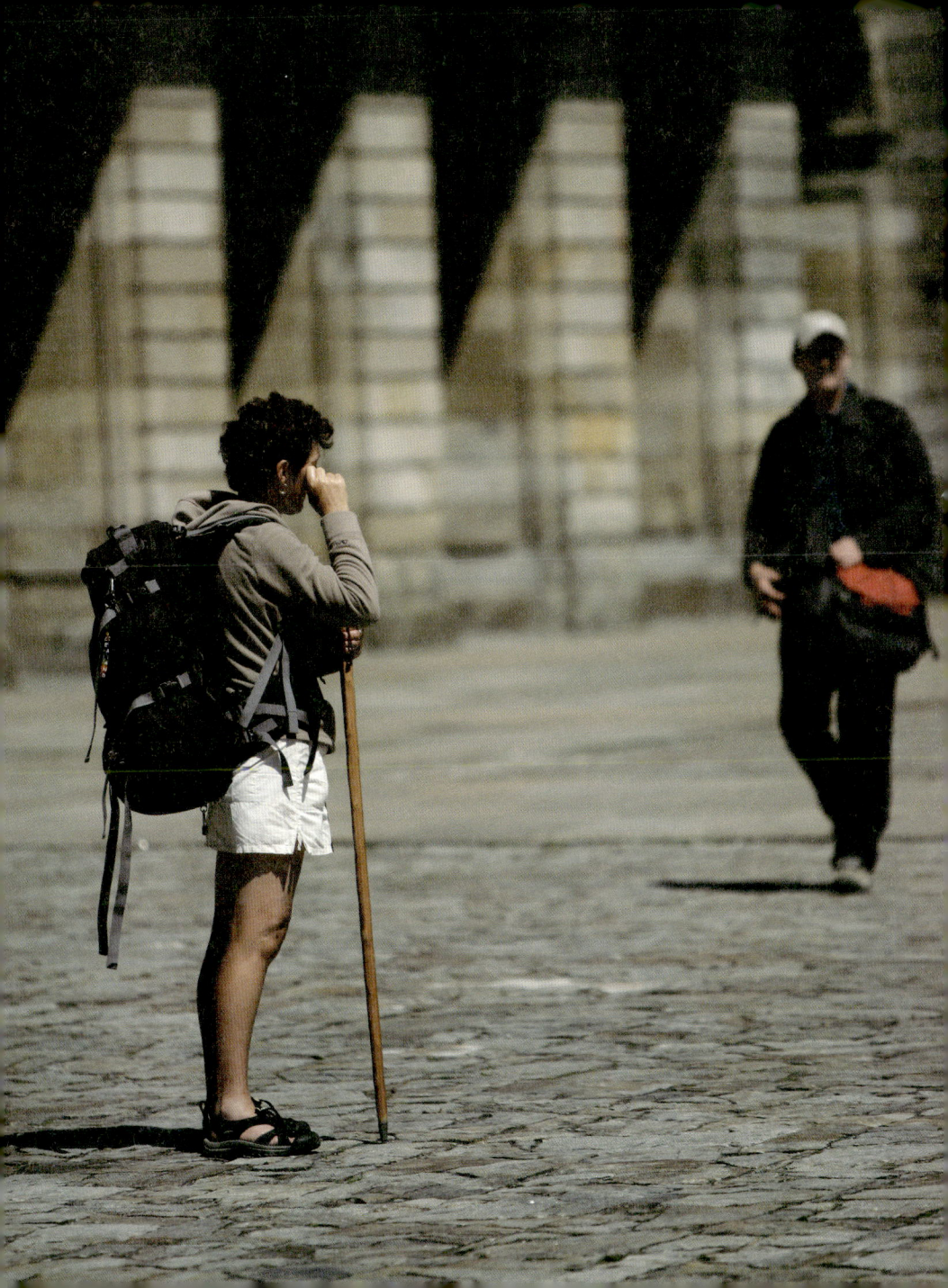

그녀는 어머니와 함께 이 길을 걷고 싶었다

한 순례자가 눈물을 흘리며 가방에서 무언가를 꺼냈다. 그리곤 성당을 향해 그것을 내밀며 기도했다. 울고 있지만, 입가에는 미소가 있다. 길에서 몇 번 마주쳤던 한국인 순례자였다. 그녀는 조용한 성격에 말수가 적은 사람이었다.

그녀의 손에는 사진이 꽂힌 작은 지갑이 들려 있었다. 돌아가신 어머니의 사진이었다. 그녀는 어머니와 함께 이 길을 걷고 싶었다고 했다. 그래서 지갑 속에 어머니 사진을 품고 800km를 걸어온 것이다. 그리고 이 순간 그녀는 어머니와 함께 성당 앞에 서 있었다.

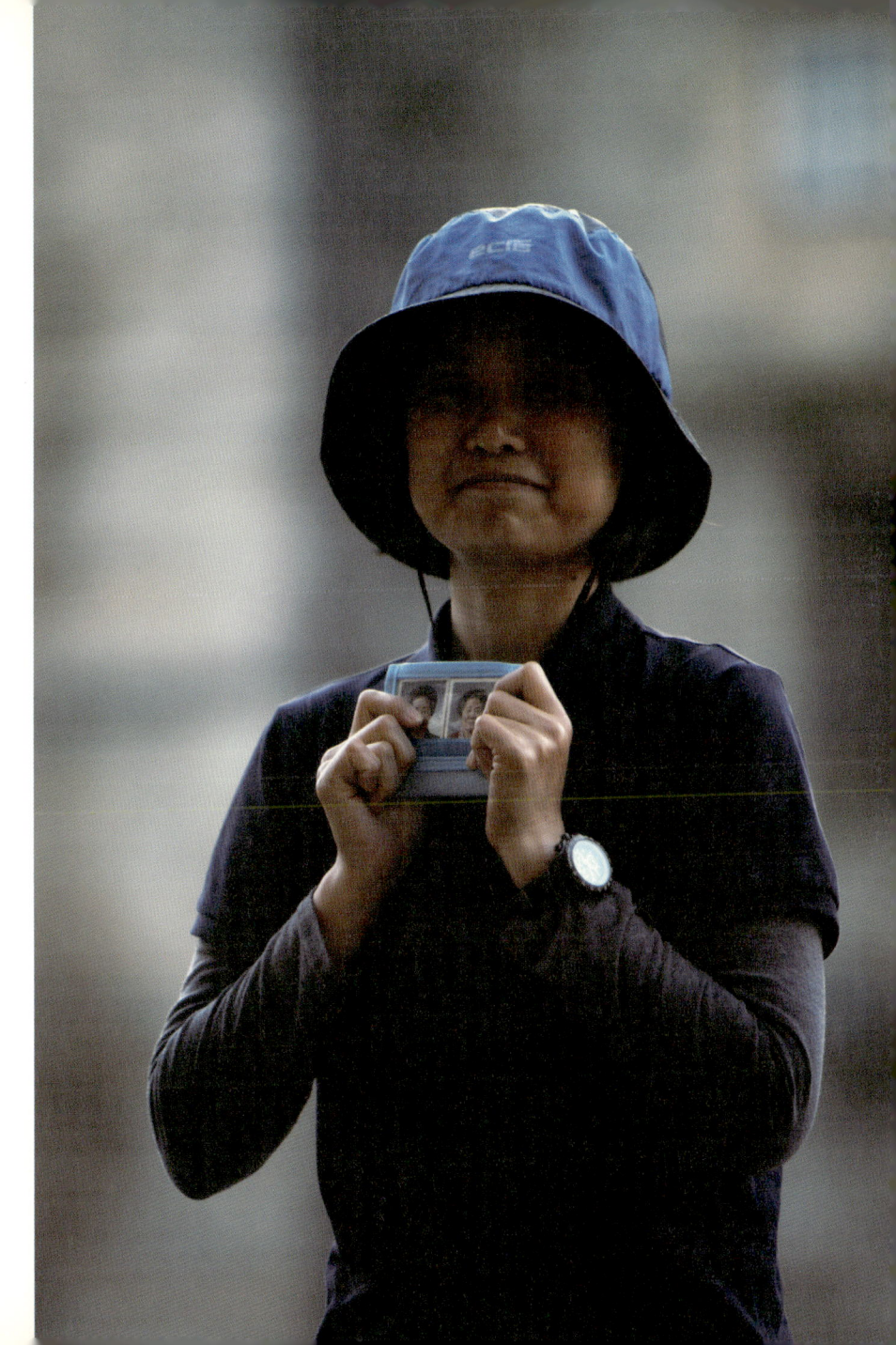

광장으로 나서니 성당의 종소리가 울린다

순례자 협회에 순례자 완주증명서를 받으러 갔다. 순례자 여권에 차곡차곡 찍은 스탬프들이 지난 시간을 말해주었다. 완주증명서를 받아들고 광장으로 나서니 때마침 성당에서 종소리가 울렸다. 무엇 하나 제대로 준비도 못하고 여기에 왔다. 포기하고 싶었던 적도 많았고, 왜 걷고 있는지 혼란스러웠던 때도 있었다. 하지만, 이 순간 살아 있음에 감사했다. 성당을 바라보며 '해냈다'는 생각보다 '할 수 있다'라는 생각이 들었다. 다시 걸을 수 있겠다는 생각, 그리고 걷다 보면 무언가 더 있지 않을까라는 생각.

길은 친구이자, 원수이자, 연인이었다.

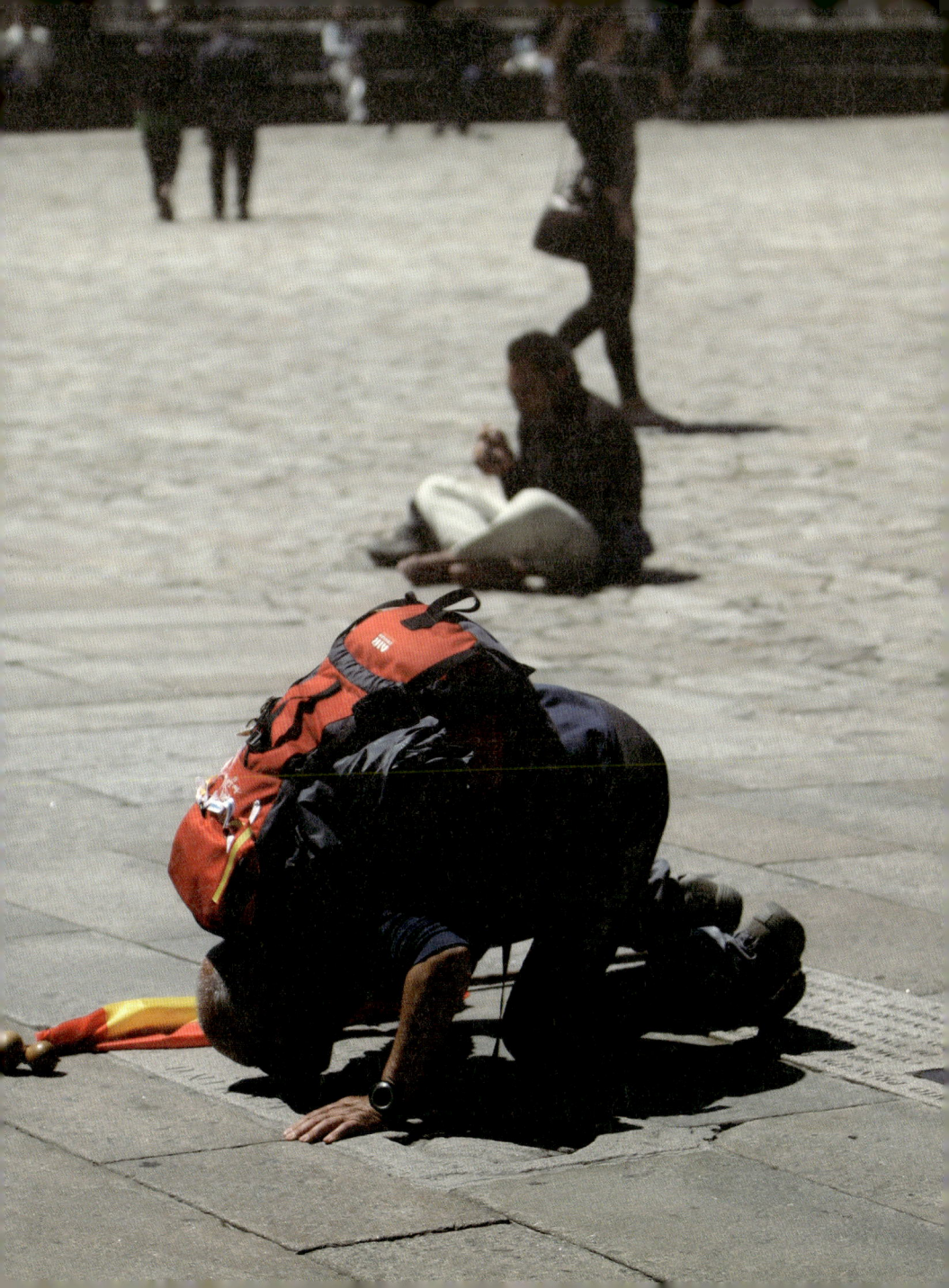

"나는 생이 어떤 의미를 지니는지 모른다. 그러나 걷기는 하나의 목적이 있다. 한 발을 다른 발 앞에 놓는다. 그리고 기쁨이 뒤따라올 때까지 다시 시작한다." 지금도 매일 가방 속에 넣고 다니는 이브 파칼레의 책 『걷는 행복』에서 가장 공감하는 구절 중의 하나이다. 삶의 문제가 어렵거나 비틀대거나 방향을 잃을 때마다 배낭 하나만 챙겨들고 발길 닿는 대로 걸었다. 내 걷기의 시작이었던 제주 올레길부터 투르 드 몽블랑, 히말라야, 프랑스, 규슈 올레, 그리고 아프리카까지 정처 없는 걸음이 남겨준 것들을 여기에 담았다.

03 길과 살아가다

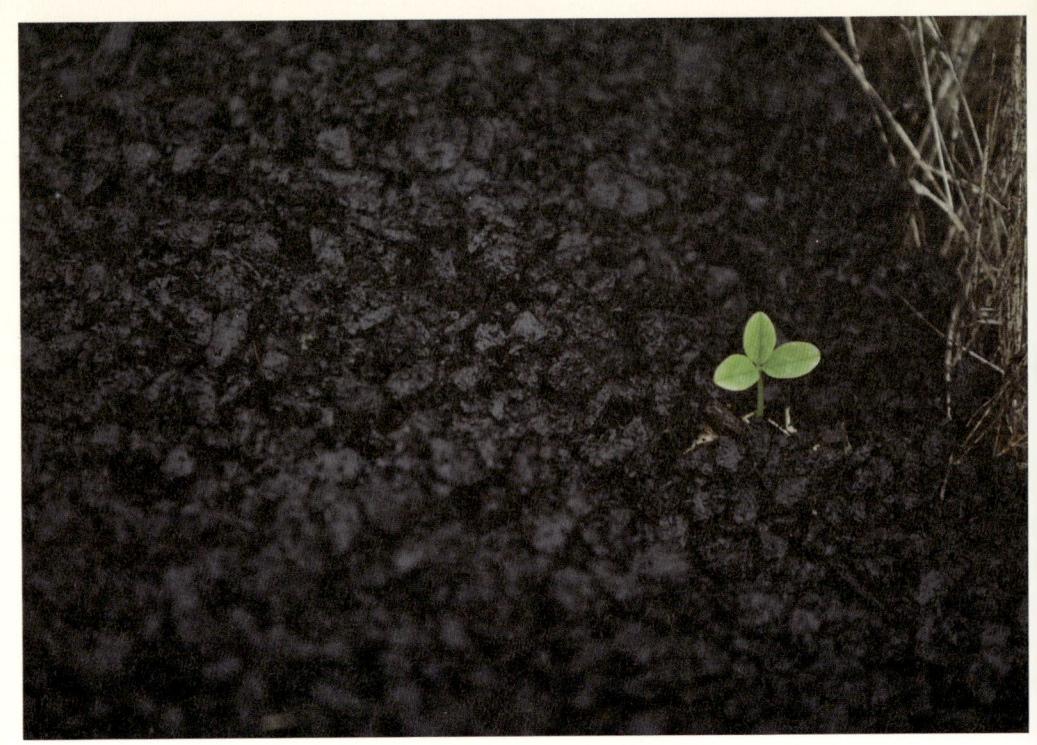

걷 다   보 면

참 대단하다. 아주 작은 씨앗이었을 것이다. 바람에 날려 이곳저곳 떠돌아다
니다가 내려앉았을 것이다. 잘못된 곳에 앉았다고 자신을 탓하는 대신, 머무
른 곳에 뿌리를 내리고 싹이 나왔을 것이다. 길을 걷다 보면 모든 것들이 새롭
게 보인다. 무심코 지나쳤을지 모를 작은 새싹 하나에 감동을 받고 만다.

어느 길 | 2010

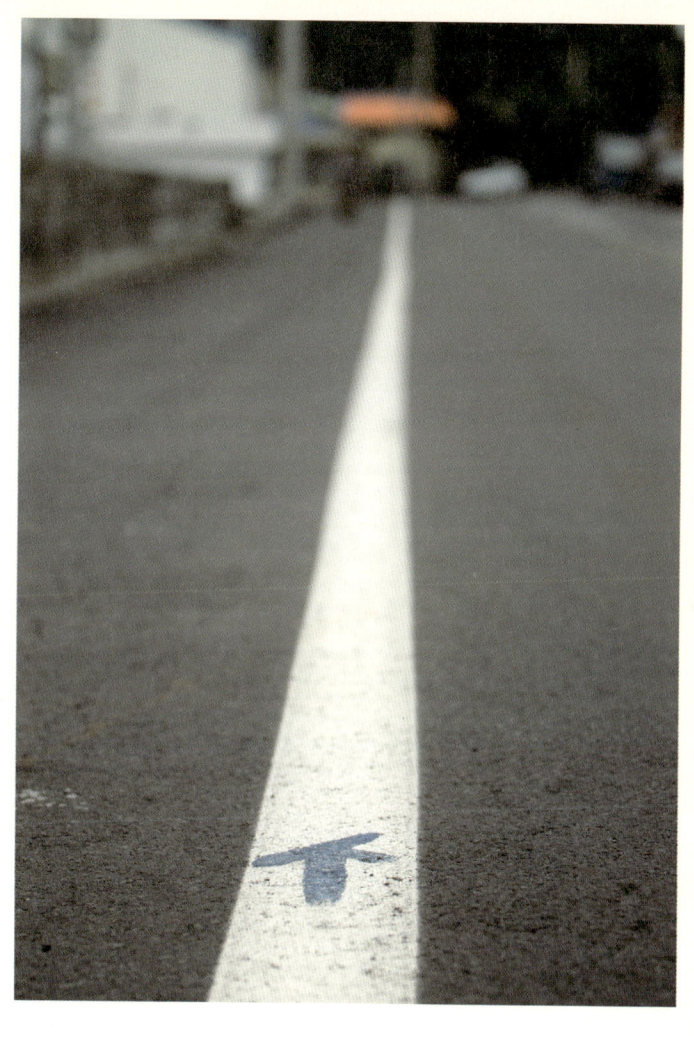

오 늘 은 화 살 표 를 따 라

오늘은 화살표를 따라 길을 걸어봐야겠다. 걷다 보면 언젠가는 제자리
로 돌아올 테니까. 제주 올레길 | 대한민국 | 2009

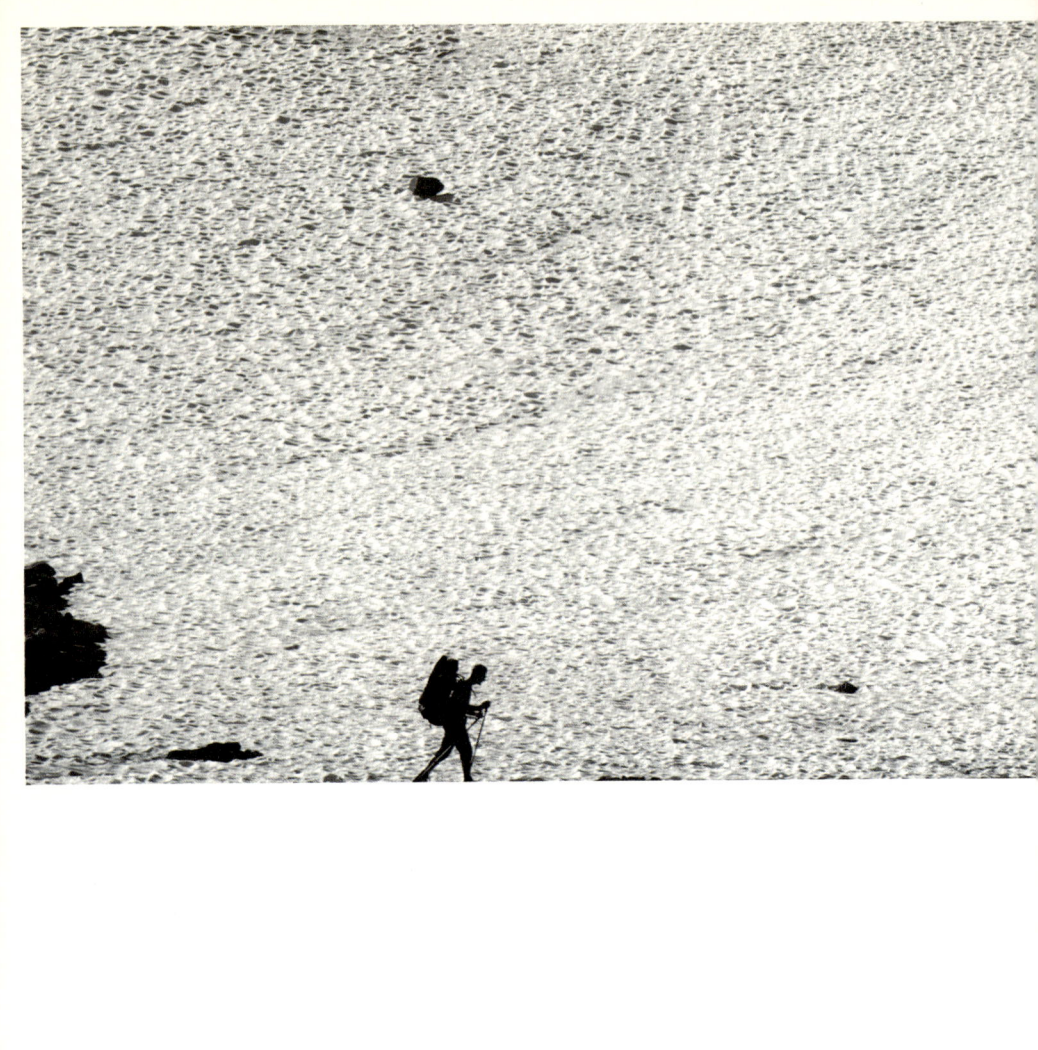

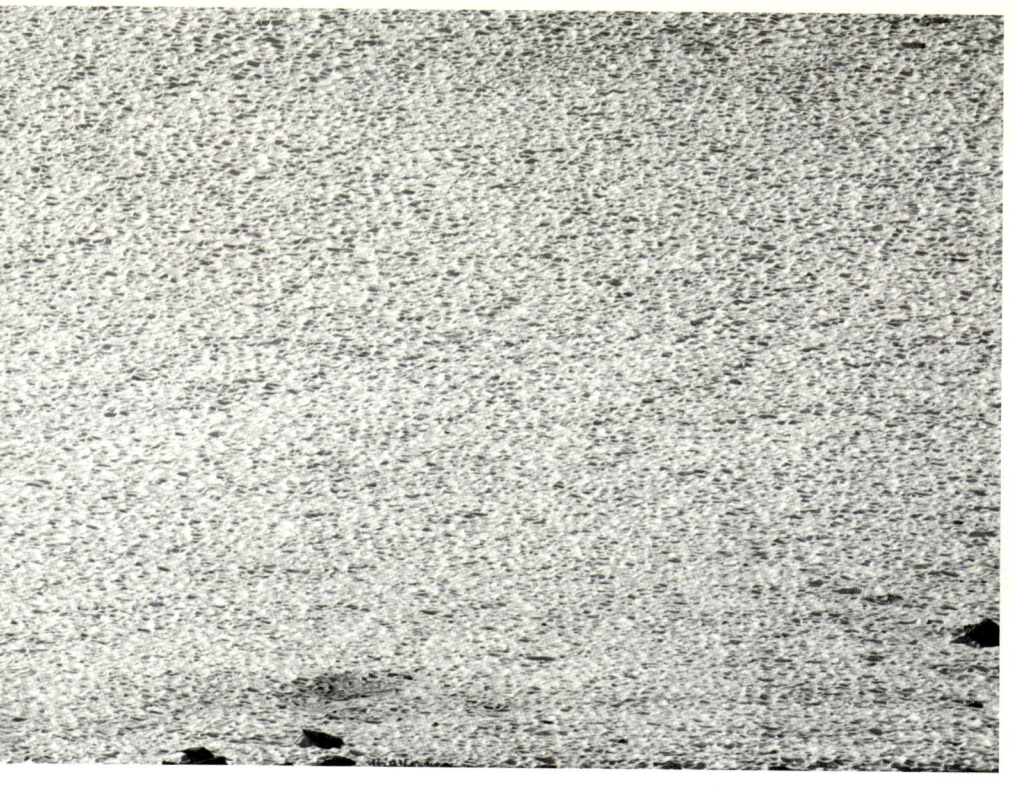

단 하나 믿을 것은 두 다리뿐

숨이 거칠어졌다. 끝도 보이지 않는 길을 걷는 것처럼 답답한 일도 없다.
이런 순간에는 누구도 도와줄 수 없다. 그저 내 두 다리만 믿을 뿐.

투르 드 몽블랑 | 2013

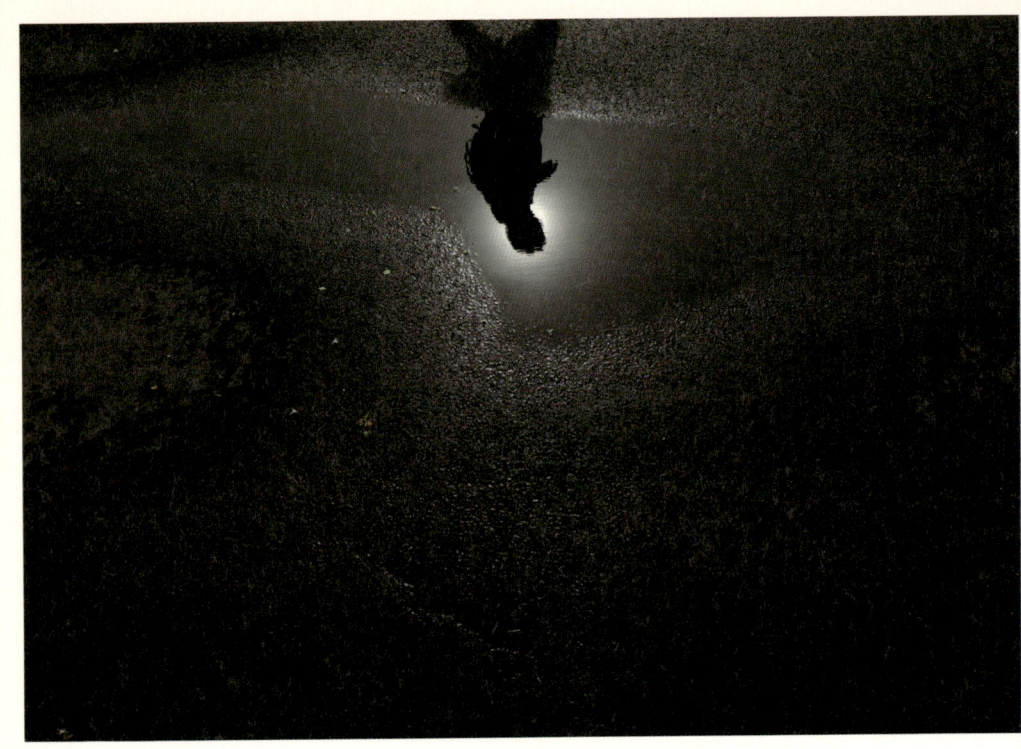

나 를 보 고 싶 다

아침에 일어나 외출준비를 하며 거울 속 나를 보고, 거리를 지나다가 쇼윈도에 비친 나를 보고, 지하철을 기다리며 스크린도어에 반사되는 나를 보고, 퇴근길 술잔에 비치는 나를 보고, 집으로 돌아와 잠들기 전 욕실 거울에 비친 나를 본다. 하지만 한 번도 내 얼굴을 제대로 본 적은 없다. 뒤집힌 내 얼굴을 보며 살고 있을 뿐. 그래서 가끔 세상을 뒤집어 보고 싶다.

제주 올레길 | 대한민국 | 2009

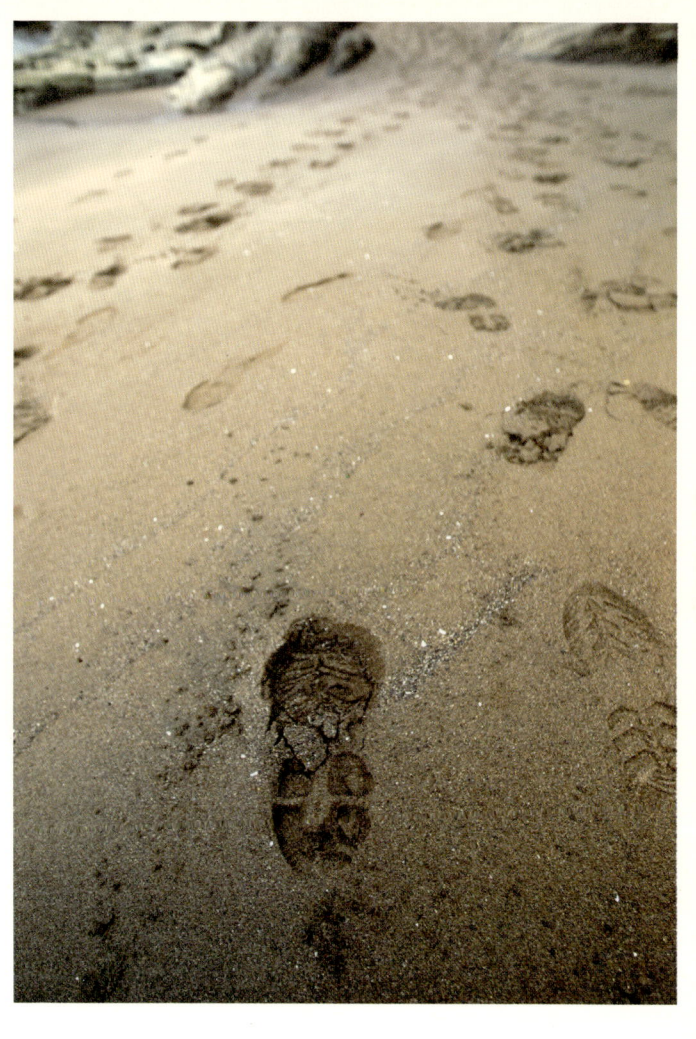

첫 발자국은 이제 없어졌지만

걷는 거라면 집 앞에 담배 사러 가는 것도 귀찮아했던 내가, 참 많이도
걸었다. 아니, 앞으로 더 많이 걷게 되겠지. 저 발자국은 이제 없어졌지
만, 또 새겨지겠지. **제주 올레길 | 대한민국 | 2009**

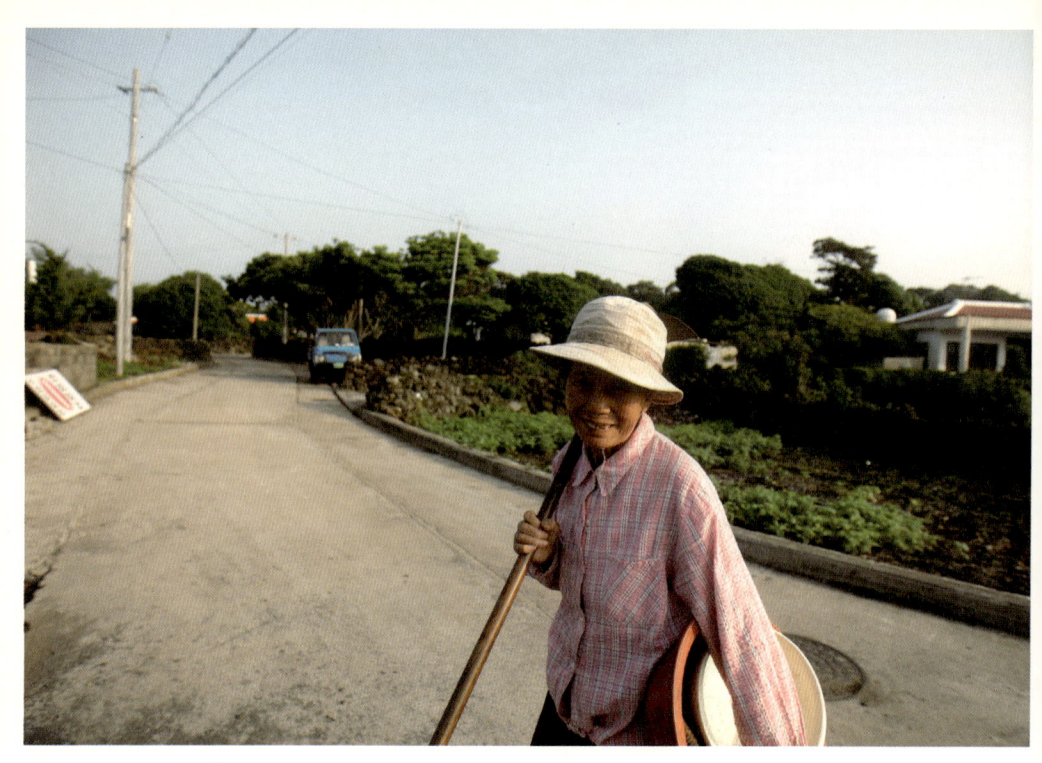

요 앞에 가면 버스 있어

마을 어귀를 나서는데 곡괭이를 든 할머니 한 분이 나를 막고는 말을 건네셨
다. "이런 시골까지 뭐 하러 왔수까?" "걸으러 왔습니다"라고 하자, "에구, 뭐
하러 걸어. 요 앞에 가면 버스 있어" 하신다. 한참을 웃었다.

사진 한 장 찍어도 되겠냐고 여쭈었다. 몇 번을 고사하던 할머니는 허리를 곧
추 세우더니 곡괭이를 어깨에 걸치며 멋진 자세를 취해주셨다. 그러더니 밭일
하러 간다며 올레길로 걸어가신다. 올레길은 제주 말로 '집에서부터 큰길까
지 나가는 골목길, 작은 길'이란 뜻이다. 제주 올레길 | 대한민국 | 2009

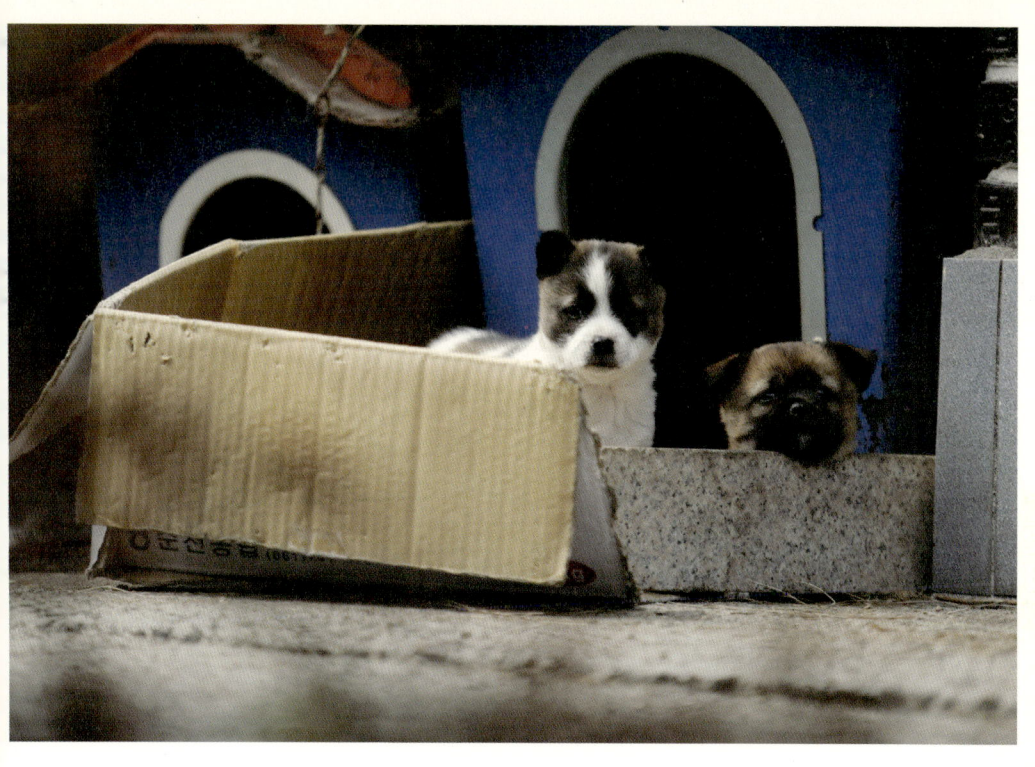

내 가 널 보 는 걸 까 네 가 날 보 는 걸 까

전남 구례 | 대한민국 | 2011

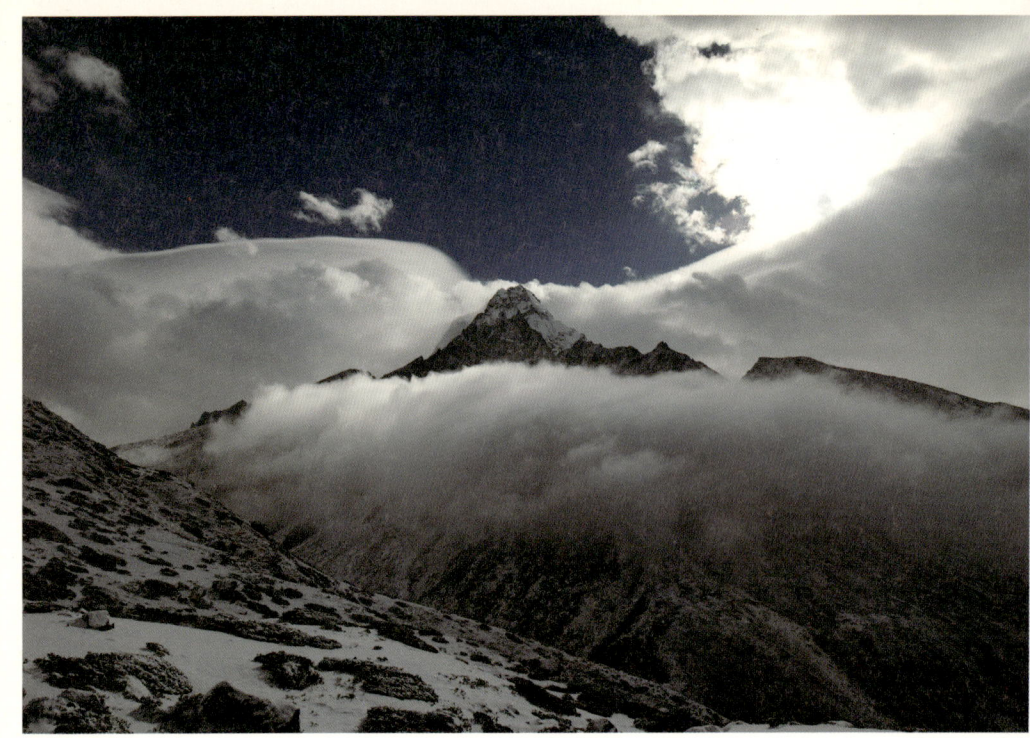

꿈 앓 이

산을 오르고 있다. 무슨 산인지도 모른 채 끝없이 길을 올라간다. 그 산의 정상
에서 혼을 빼앗긴 듯이 사진을 찍고 있는 내 모습이 보인다. 끝없이 펼쳐진 능
선과 그 능선 사이를 휘몰아치는 운무가 손끝에 와 닿는다. 눈앞에 히말라야
의 고산들이 병풍처럼 들어서 있다. 내가 서 있는 바로 위 하늘 높이 날고 있
는 갈색의 새 한 마리.
깨어보니 꿈이었다. 그런 꿈이 며칠 동안 계속 되었다. 생전 처음 겪어보는 호
된 꿈앓이었다. 만나야 할 사람이라면 언젠가는 만나게 되듯, 가야 할 곳은 꿈
에서라도 가게 되어 있었다. 꿈을 꾸고 난 며칠 후, 나는 히말라야로 향했다.

쿰부 히말라야 EBC | 네팔 | 2013

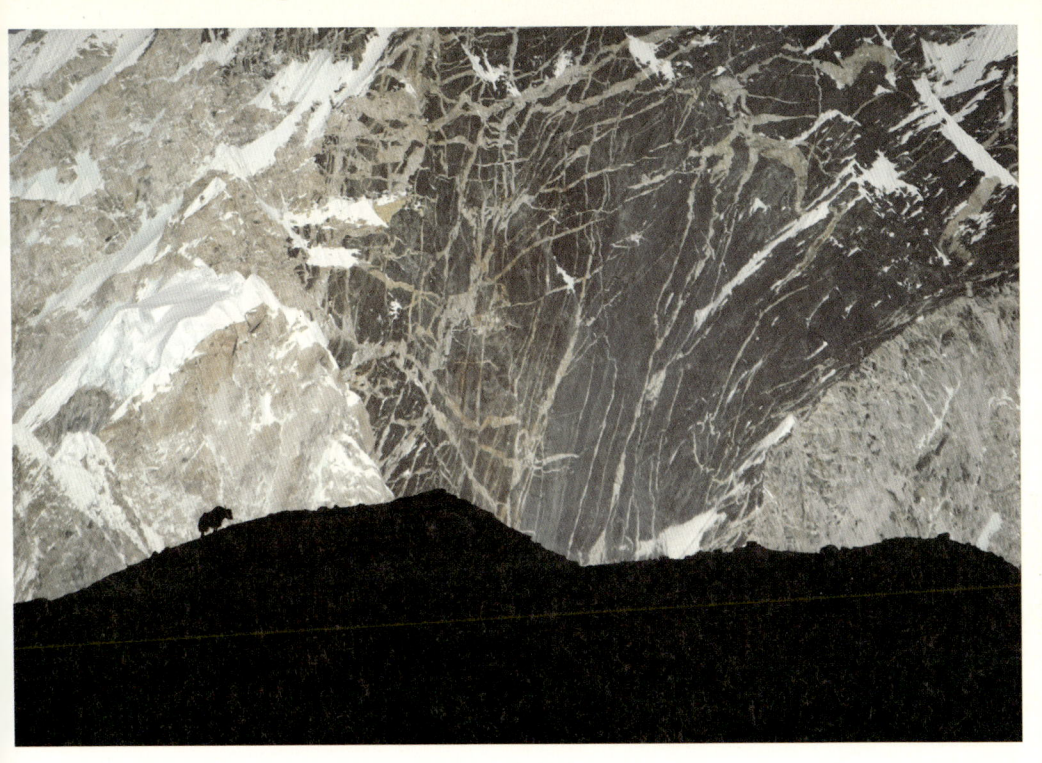

야 크 처 럼 묵 묵 히 걸 어 갈 것 이 다

히말라야 트레킹 중 마지막 고비라고 할 수 있는 고락셉까지 가는 길. 산소는 부족하고 고산병까지 겹쳐 힘겨웠다. 그때 저 멀리 거대한 산 앞의 능선을 야크 한 마리가 오르고 있다. 쉬지 않고 저벅저벅 걷는 모습이 경이롭기까지 하다. 나도 지금껏 순탄한 길을 걸어오지 않았다. 후회하지는 않는다. 저 야크처럼, 묵묵히 길을 걸어갈 것이다. **쿰부 히말라야 EBC | 네팔 | 2013**

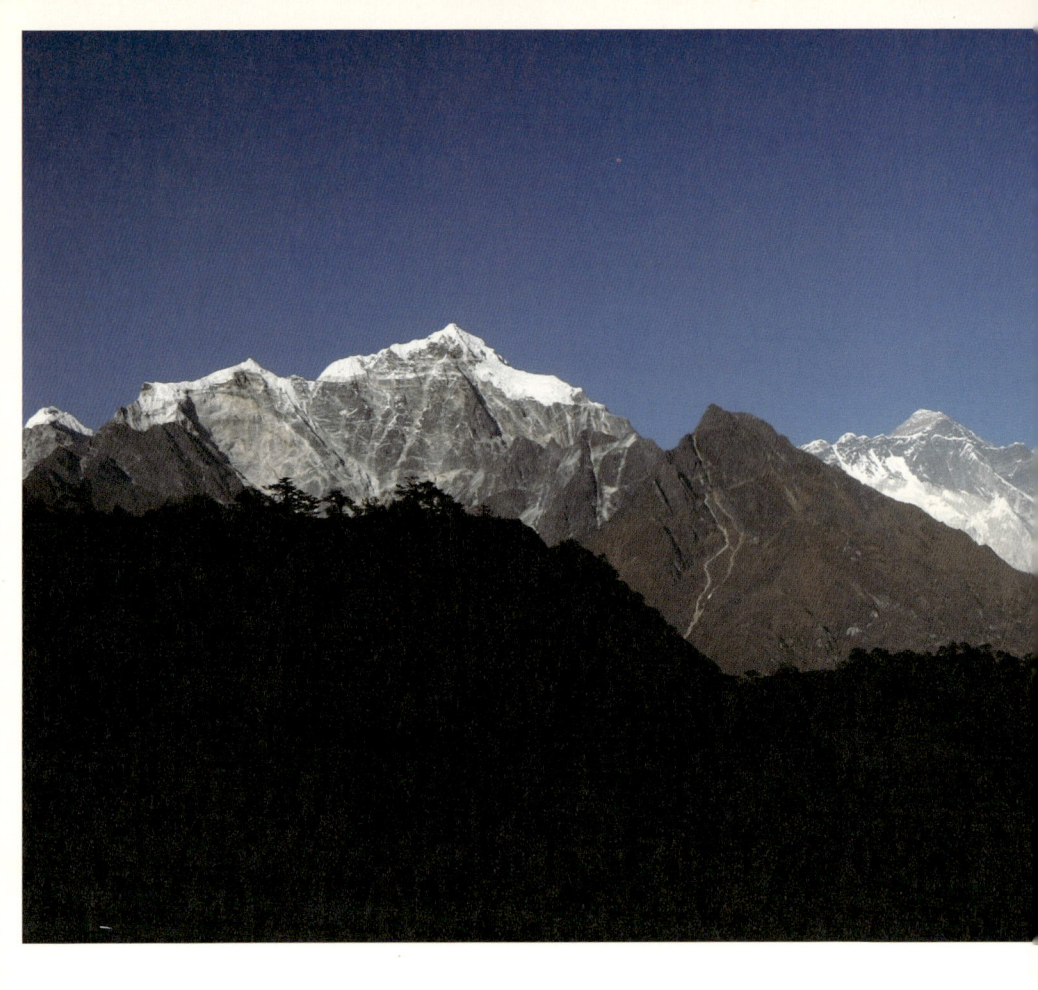

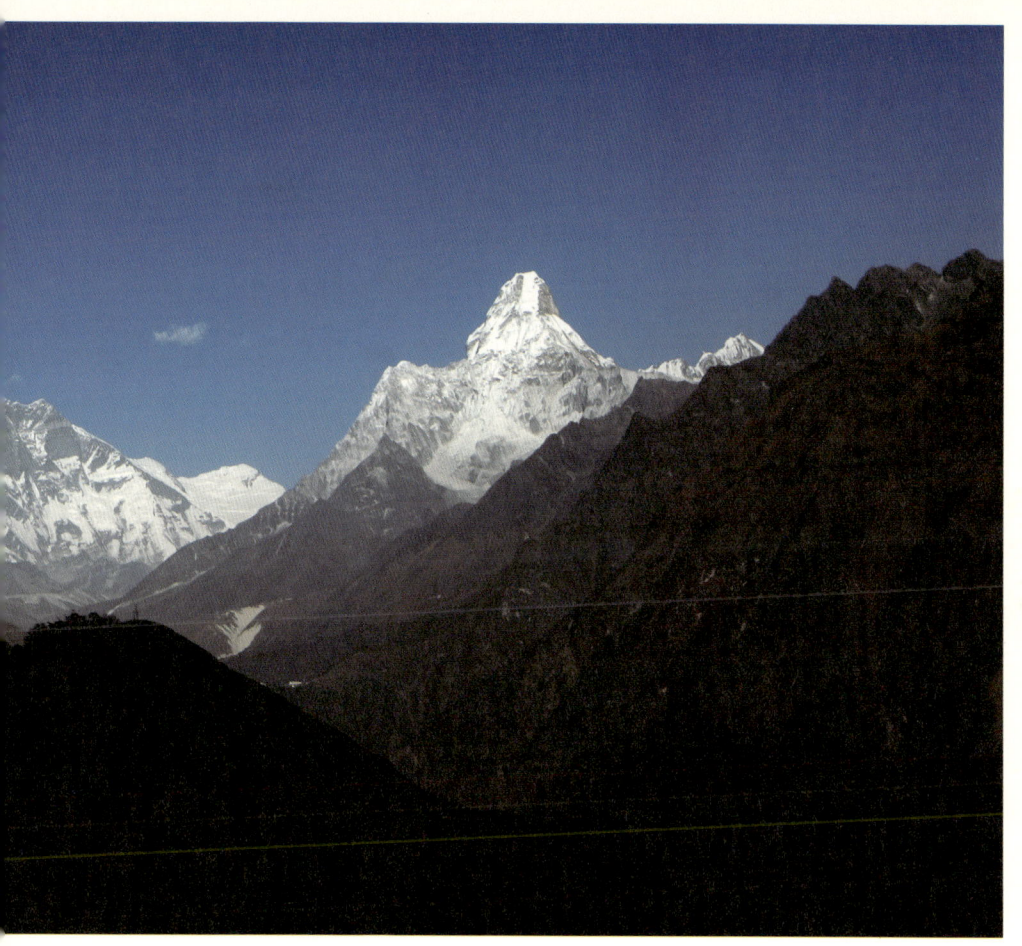

신 들 의   산

저 멀리, 하얀 눈으로 만들어진 병풍 같은 히말라야가 눈에 들어왔다. 마치 작은 언덕처럼
가지런히 놓여 있는 저 산이 세상에서 가장 높다는 히말라야. 인간의 욕심이 없었다면
미지의 세계로 남았을 산. 이곳 사람들은 신들이 살았다고 믿는 산, 히말라야.
멀리 보이는 풍경만으로 나는 이미 압도되었다. 산을 보고 있는 것이 아니라, 신들이 그려
놓은 그림을 보고 있는 듯했다. 도저히 뭐라고 표현할 수 없는 풍경을 사진으로 담으려니
나 자신이 너무 초라해지는 것 같았다. **쿰부 히말라야 EBC | 네팔 | 2013**

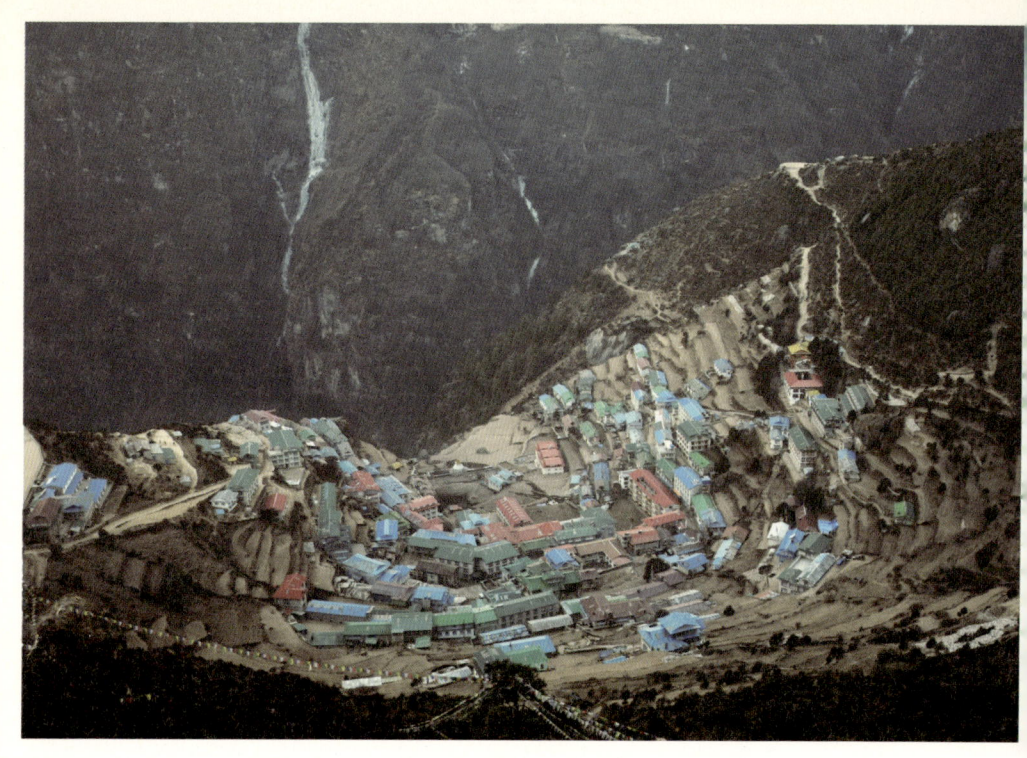

더 높은 곳을 위해 멈춰가는 곳

해발 3700m에 위치한 남체 마을. 에베레스트에 오르기 전 고산병에 적응하기 위해서는 이곳에서 하루 정도 머물러야 한다. 저 앞에 아무리 멋진 풍경이 있다 해도, 그 자리에 멈춰야 하는 것이다. 더 높은 곳을 오르기 위해서는 언제나 숨고르기가 필요하다. **쿰부 히말라야 남체 | 네팔 | 2013**

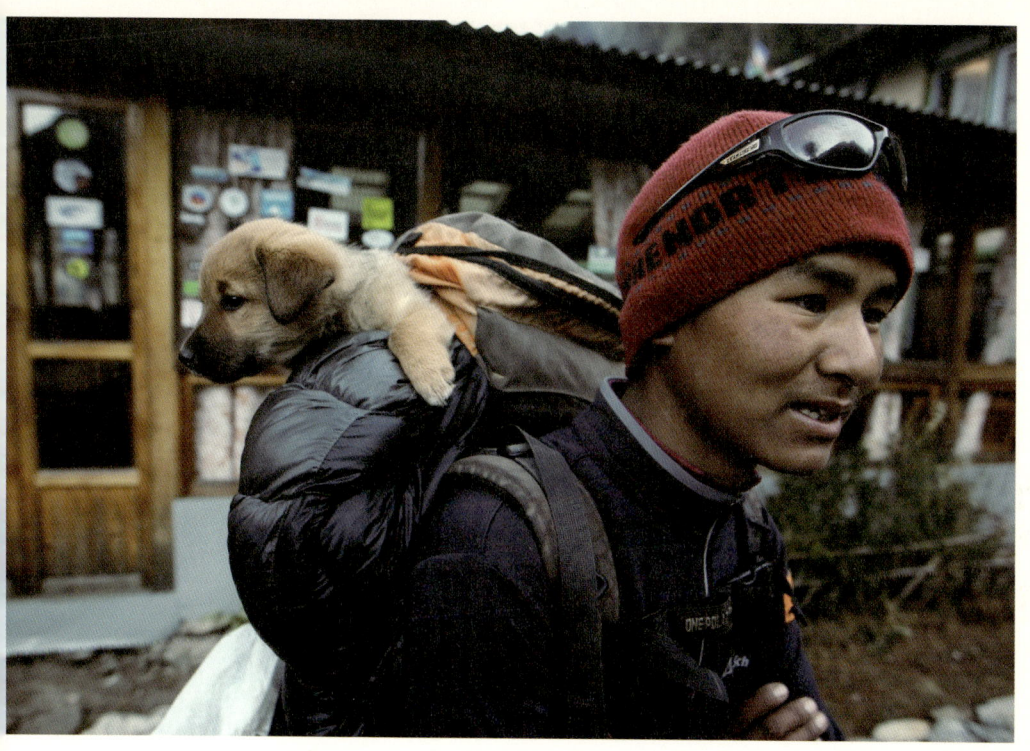

이 사 가 는 날

히말라야 남체 근처 작은 마을에서 태어난 강아지가 집주인을 떠나 도시로 내
려간다. 고산 지대에는 먹을 것이 충분치 않아 지나가는 현지 셸파에게 분양
되어 떠난다고 했다. 셸파는 배낭 위에 옷을 쌓아 푹신하게 만든 다음 강아지
를 조심스레 얹었다. 그리고는 아주 천천히 걸어 내려갔다.

쿰부 히말라야 남체 근처 | 네팔 | 2013

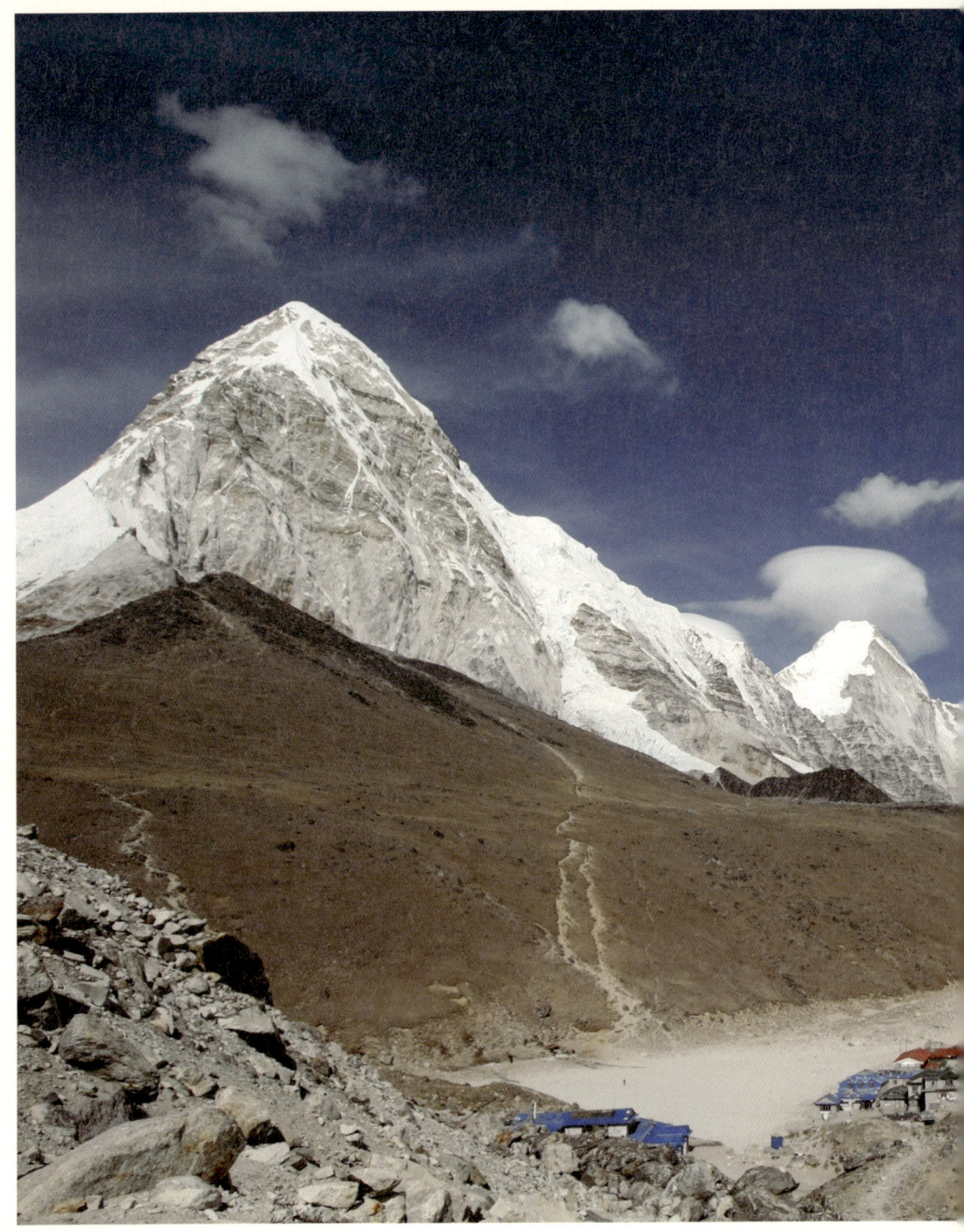

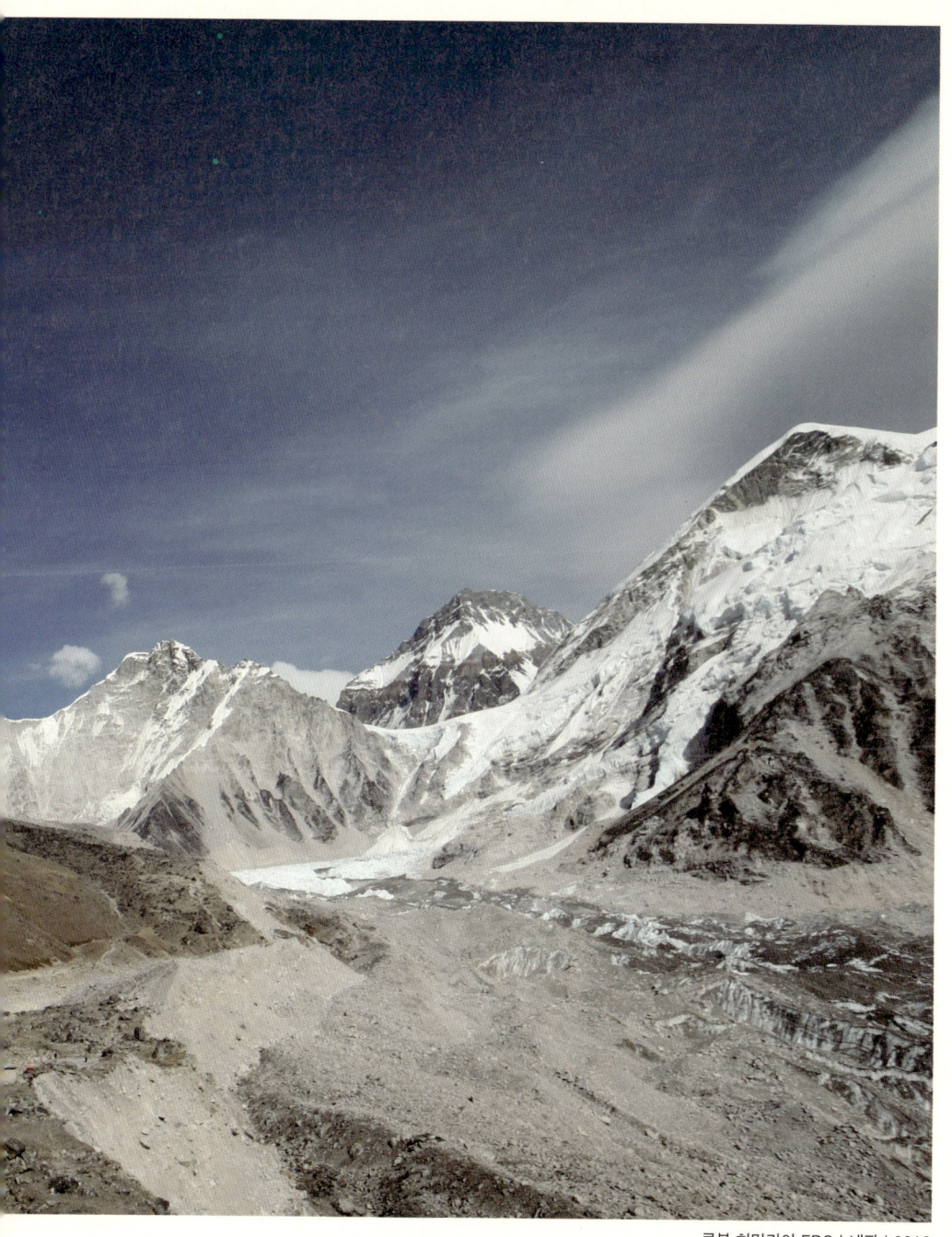

쿰부 히말라야 EBC | 네팔 | 2013

소녀에게 사진을 배우다

히말라야의 마지막 정상을 위해 고산 적응을 하던 날이었다. 계속되는 두통과 발열에 시름시름 앓다가 침낭에 파묻혀 잠이 들었다. 잠시 후 밖이 시끌시끌해 눈을 떴다. 웃음소리도 들리고 무언가 재미있는 일이 벌어지는 것 같았다. 밖으로 나가니 하경이가 달려와 웃으며 물었다.

"선생님, 여기서 사진 어떻게 찍어요?"

하경이는 내 사진반 수업을 듣는 중학생 소녀로, 고등학생이 되기 전 엄마와 함께 추억을 만들겠다며 온 아이였다. 하경이 손에는 폴라로이드 카메라가 들려 있었다. 옆에는 우리 팀을 도와준 셰파와 포터들이 서 있다. 하경이는 그들에게 고마움을 표현하려고 모두에게 사진을 찍어주고 싶어했다. 폴라로이드로 사진을 찍은 하경이는 흰 테두리에 그들의 이름과 고맙다는 말을 일일이 적었다. 그걸 받은 이들도 신이 나는지 사진을 돌려보며 웃는다. 그렇게 한참 동안 사진을 찍고 웃었다.

그 모습을 보고 있으니 내가 부끄러워졌다. 내 몸 하나 추스르기 힘들다고 그들의 고마움을 생각조차 못 했던 거다. 따뜻한 마음을 담은 사진으로 소통하는 제자의 모습은 사진작가라는 이름으로 살아가는 내게 반성과 큰 울림을 주었다. 그때 하경이는 어린 제자가 아닌, 스승이었다.

소원들이 쌓여 있는 돌탑 앞에 선 하경이가 조심조심 작은 돌 하나를 올린다. 아이는 무슨 소원을 빌었을까. **쿰부 히말라야 EBC | 네팔 | 2013**

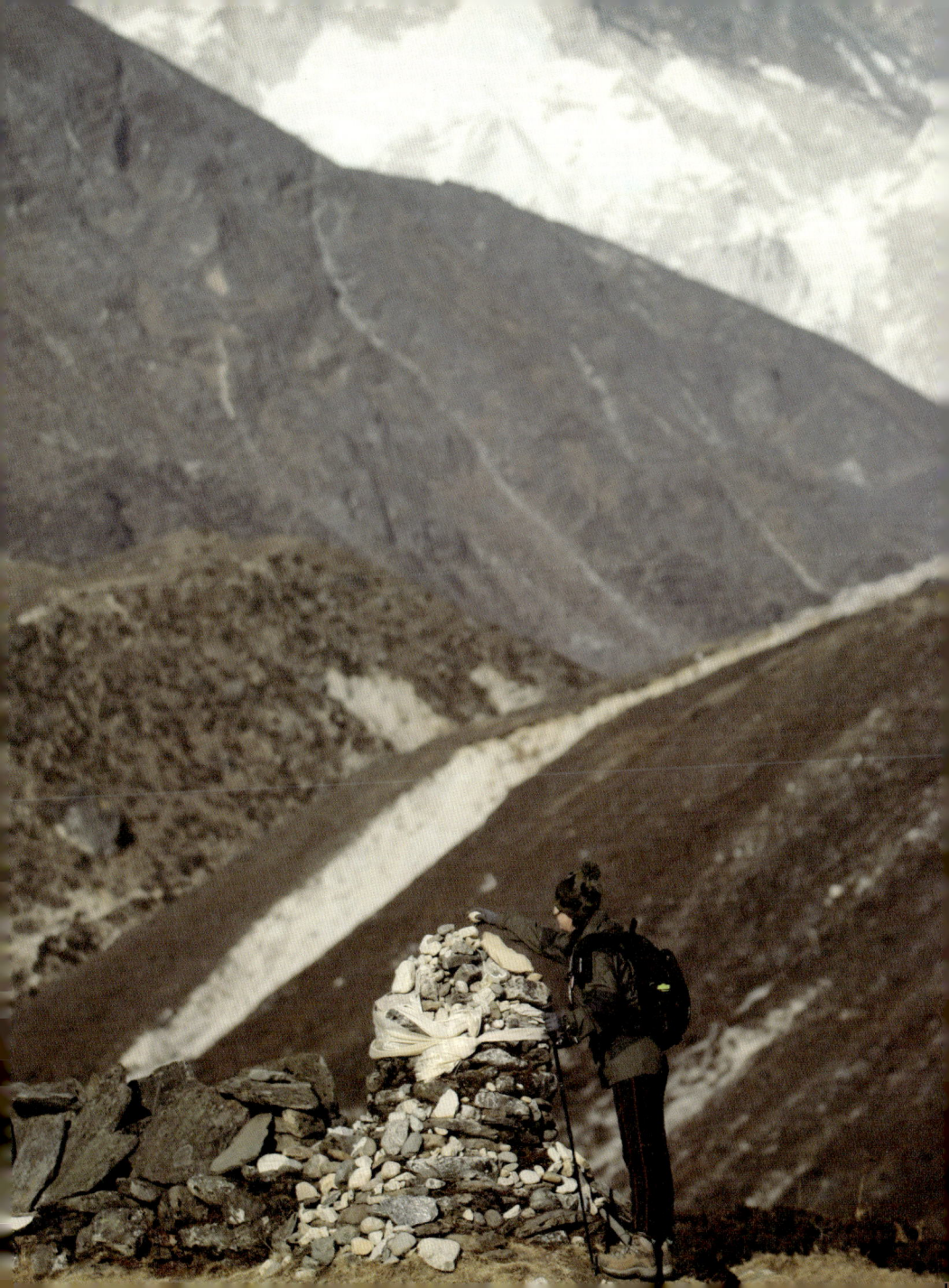

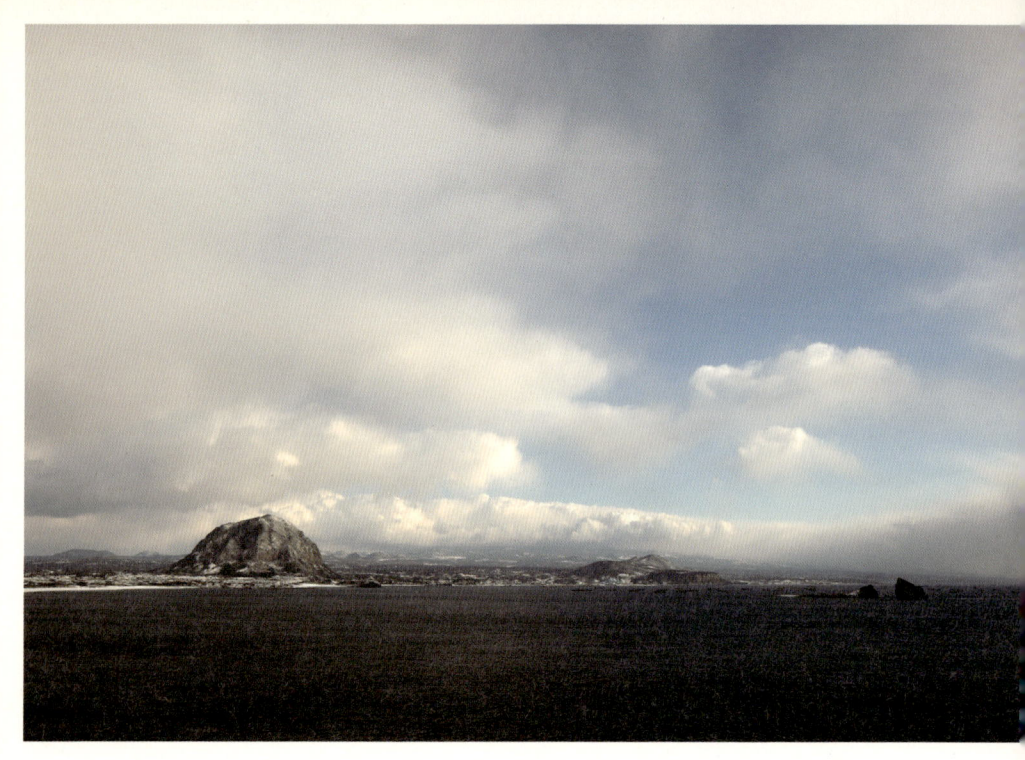

제 주 는 살 아 있 는 미 술 관 이 다

사람이 망치와 정을 이용해 깎아도 주상절리만큼 정교하게 깎을 수는 없을 것
이며, 좋은 물감과 붓을 가지고 그리더라도 제주의 푸른 바다를 표현할 수 없
을 것이다. 자연이 만들어낸 최고의 조각품들로 이루어진 섬, 제주. 올레길을
걷는 내내 세상에서 가장 아름다운 예술품을 보았다. 살아 있는 제주는 미술
관이다. 제주 올레길 | 대한민국 | 2010

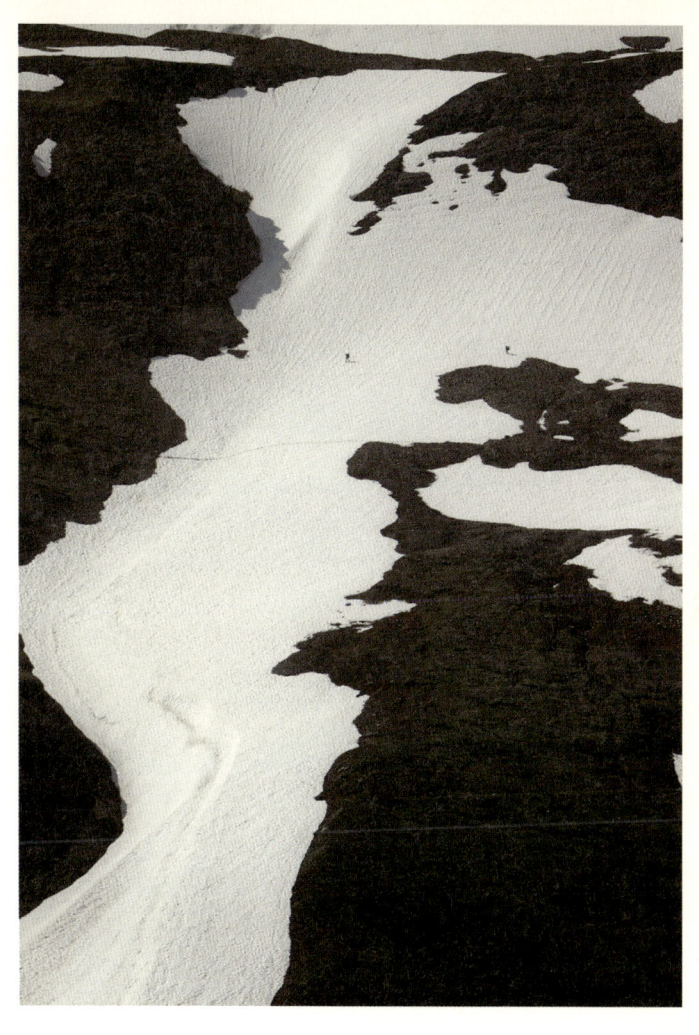

나 역시 작은 점으로 보여질 것이다

투르 드 몽블랑 | 2013

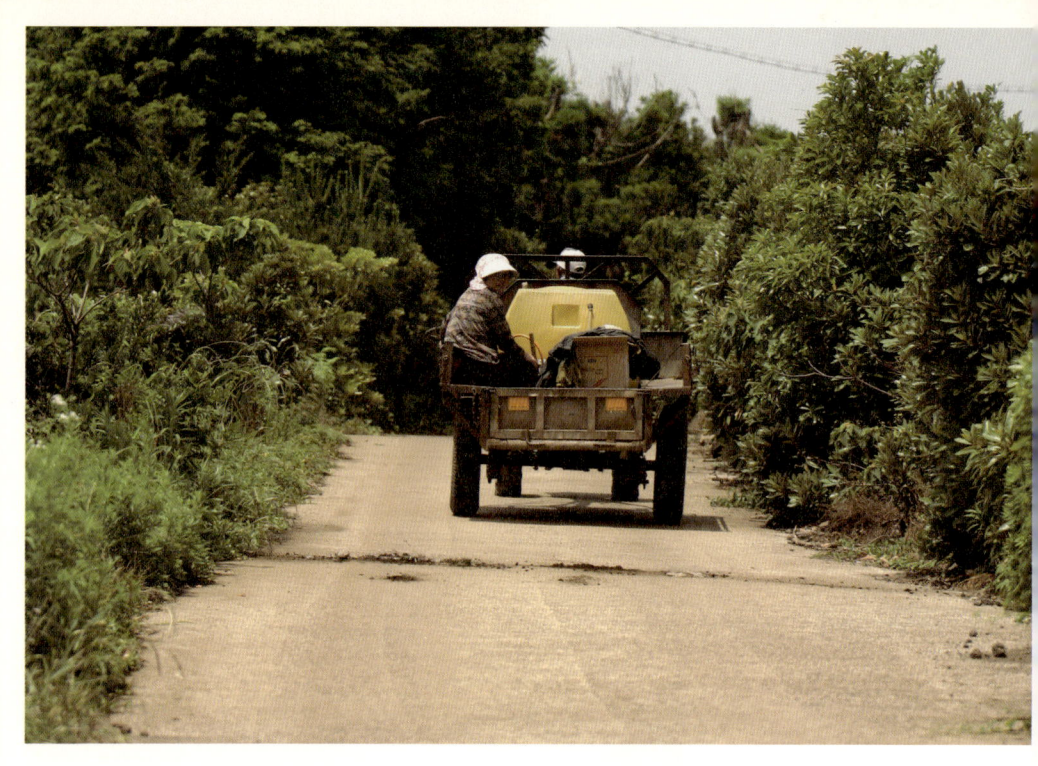

세 상 에 서   가 장   편 하 고   빠 른   것

노부부가 세상에서 가장 편하고 빨라 보이는 경운기를 타고 간다. 그 멋진 경
운기가 시야에서 사라질 때까지 나는 부러움에 몸서리쳐야 했다.

제주 올레길 | 대한민국 | 2009

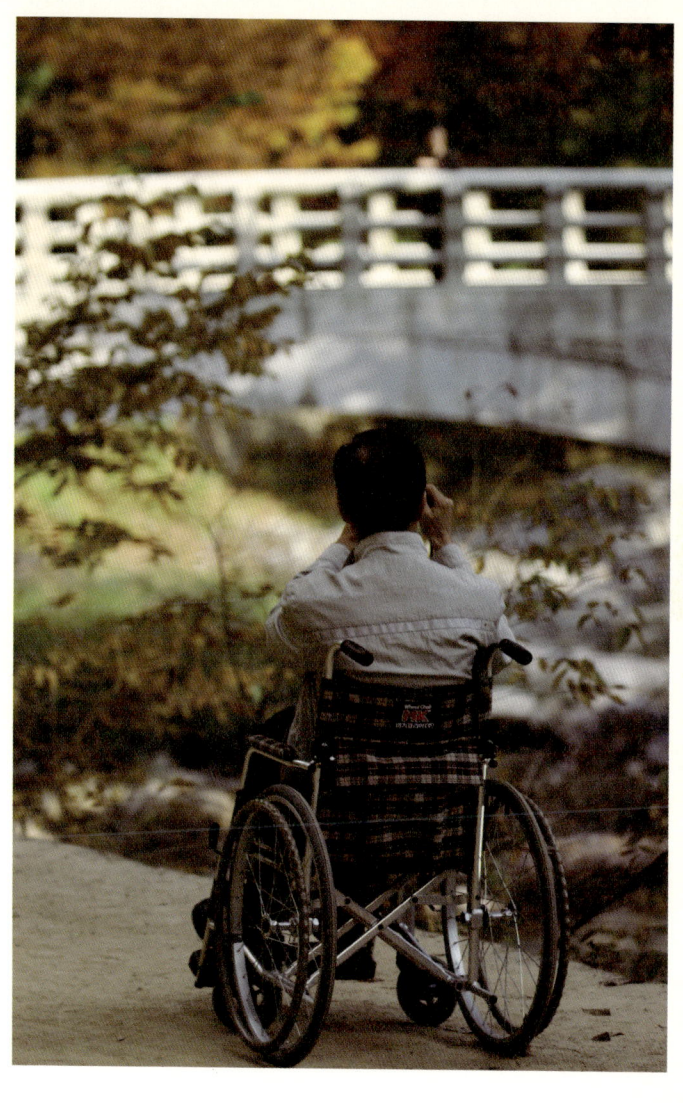

아 내 를 찍 는 남 자

아내 사진을 찍는 남편의 뒷모습을 보았다. 마음 한켠에 그 뒷모습을 새
겨넣었다. **문경새재길 | 대한민국 | 2013**

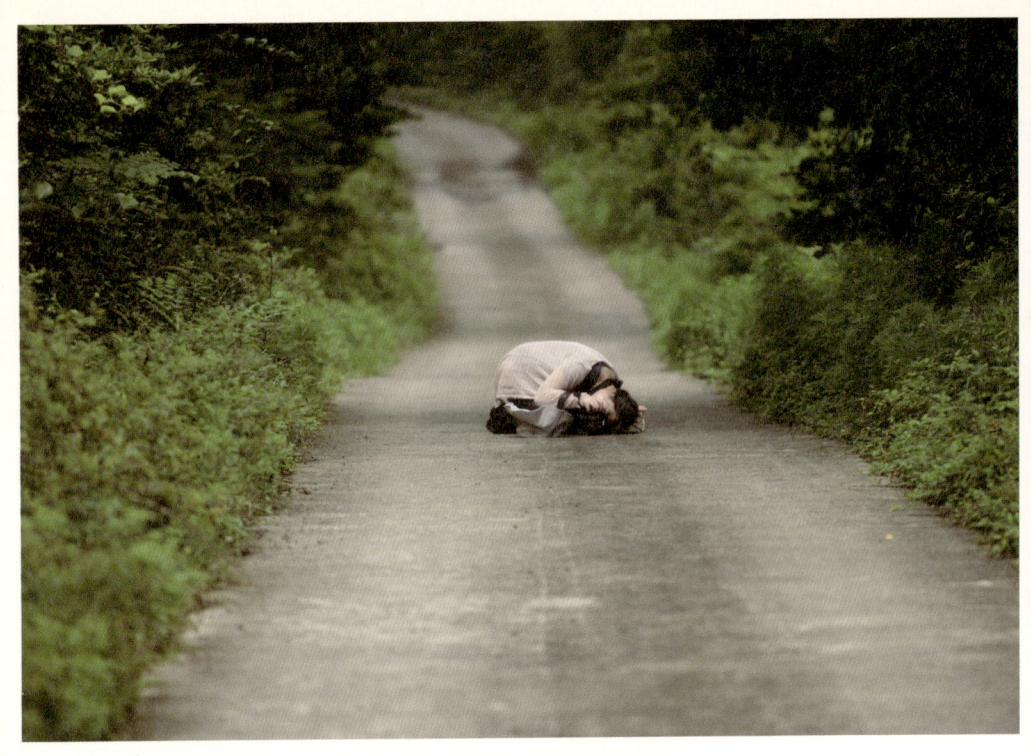

세 상 을 찍 는 법

내가 보는 시선의 높이에 따라 세상은 변화한다. 그러니 항상 낮은 자세로 세
상을 바라보자. 그렇게 사진을 찍어보자. 제주 올레길 | 대한민국 | 2010

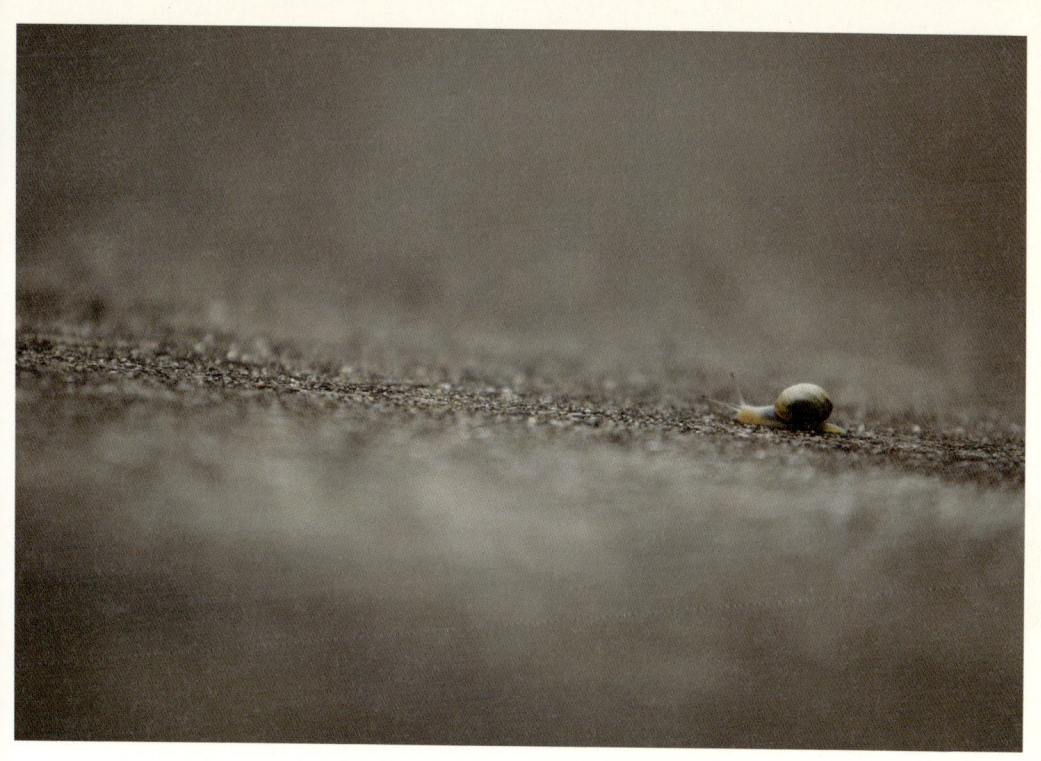

제 속 도 로   살 아 간 다 는   것

망설이다가 나도 달팽이처럼 누워버렸다. 눈높이를 맞추니 움직임이 잘 보인
다. 최대한 심도를 줄여 달팽이를 찍었다. 삶을 돌아보고, 주변을 돌아볼 시간
을 선물해주는 말, '천천히'. 다시 한번 되새겨본다. 제주 올레길 | 대한민국 | 2009

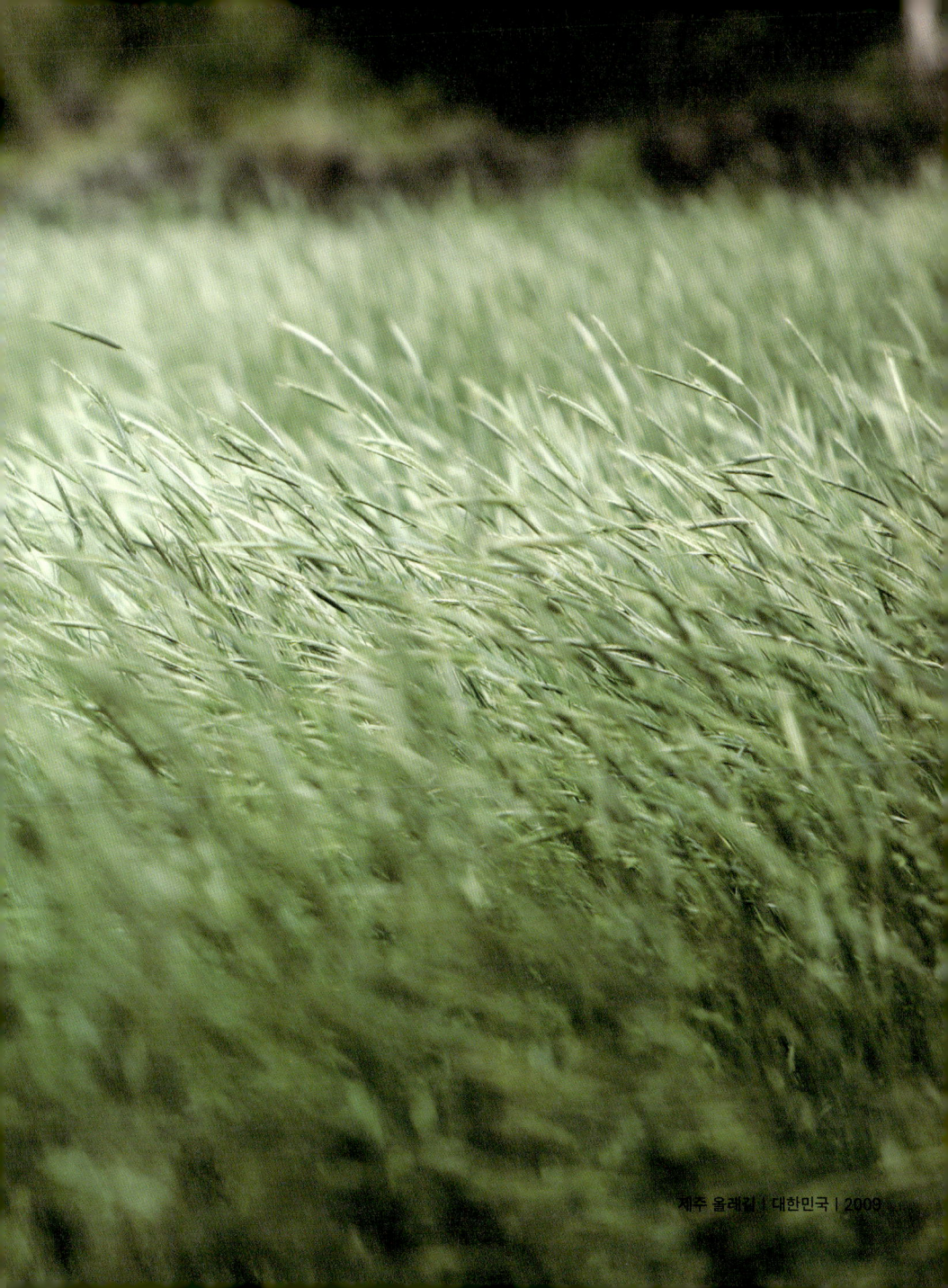

제주 올레길 | 대한민국 | 2009

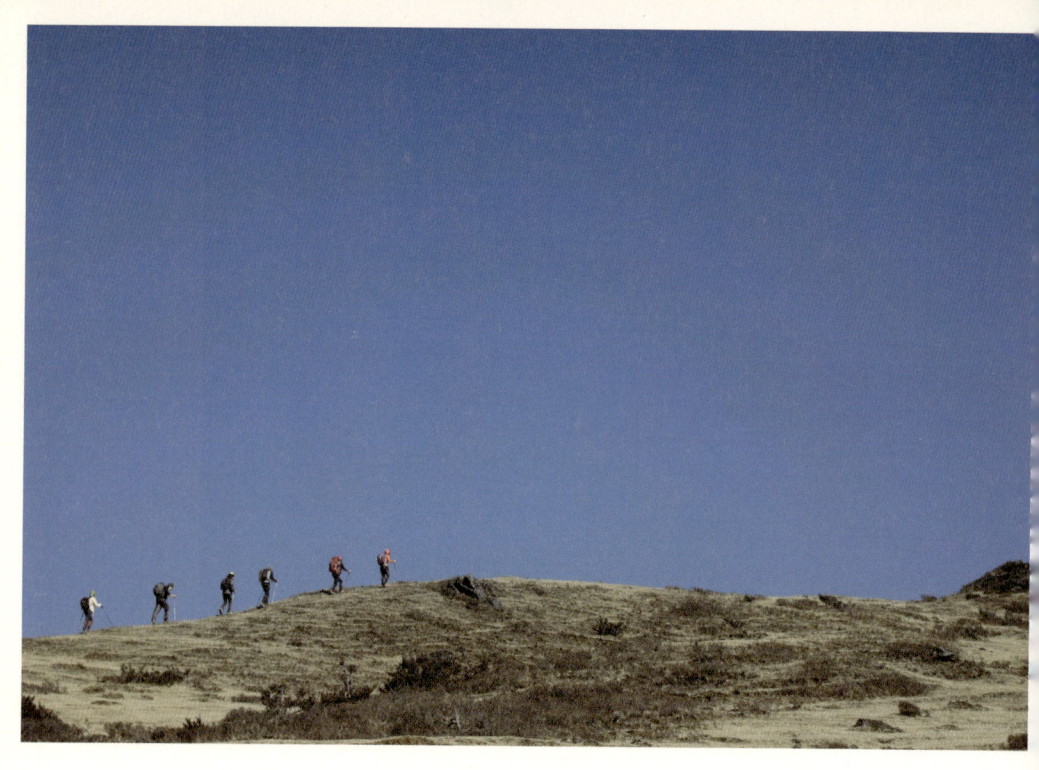

어떻게 여기까지 걸어왔을까

세상에 태어난 이래 가장 높은 곳에 있었다. 이곳까지 걸어왔다는 사실이 믿
기지 않았다. 멈추지 않고 길을 따라 옮겨온 걸음은 하늘을 향해 있었다.

쿰부 히말라야 EBC | 네팔 | 2013

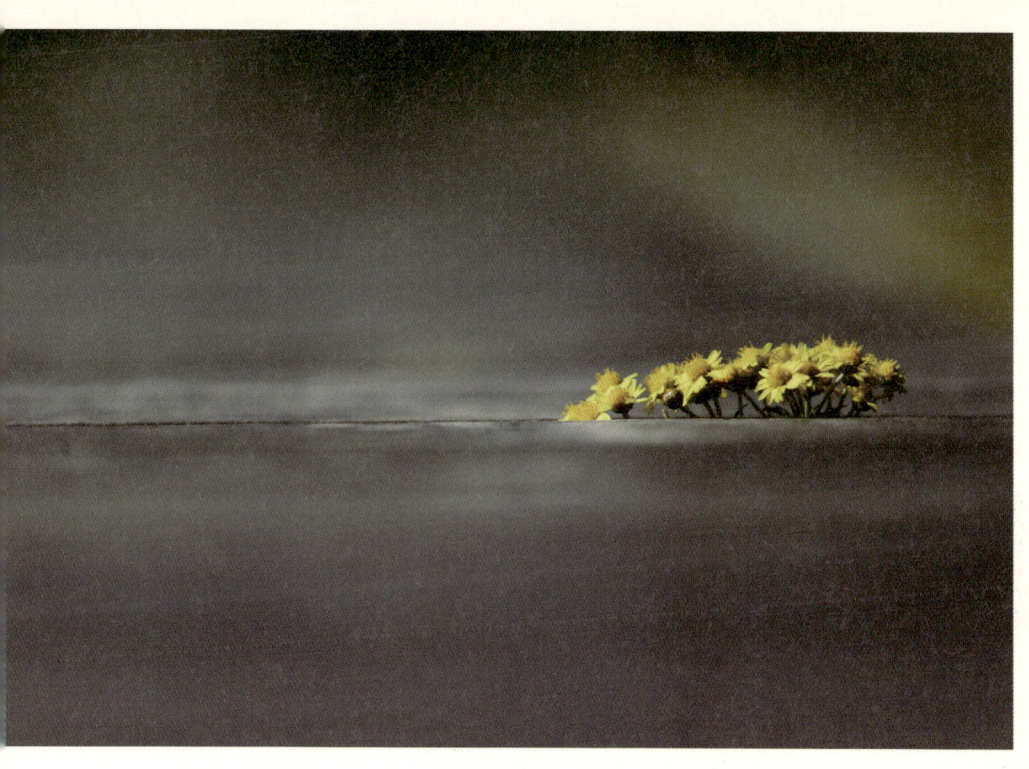

누군가 나보다 먼저 쉬고 있다

다리에 힘이 풀렸나보다. 잠시 나무 벤치에 앉아 몸과 마음을 풀어주기로 했다. 고개를 숙여보니, 누군가 나보다 먼저 벤치에서 쉬고 있다. 벤치 틈 사이로 얼굴을 내밀며 쉬고 있는 꽃. 내게 쉬어 가라고 말을 건네는 듯했다.

양평 물소리길 | 대한민국 | 2013

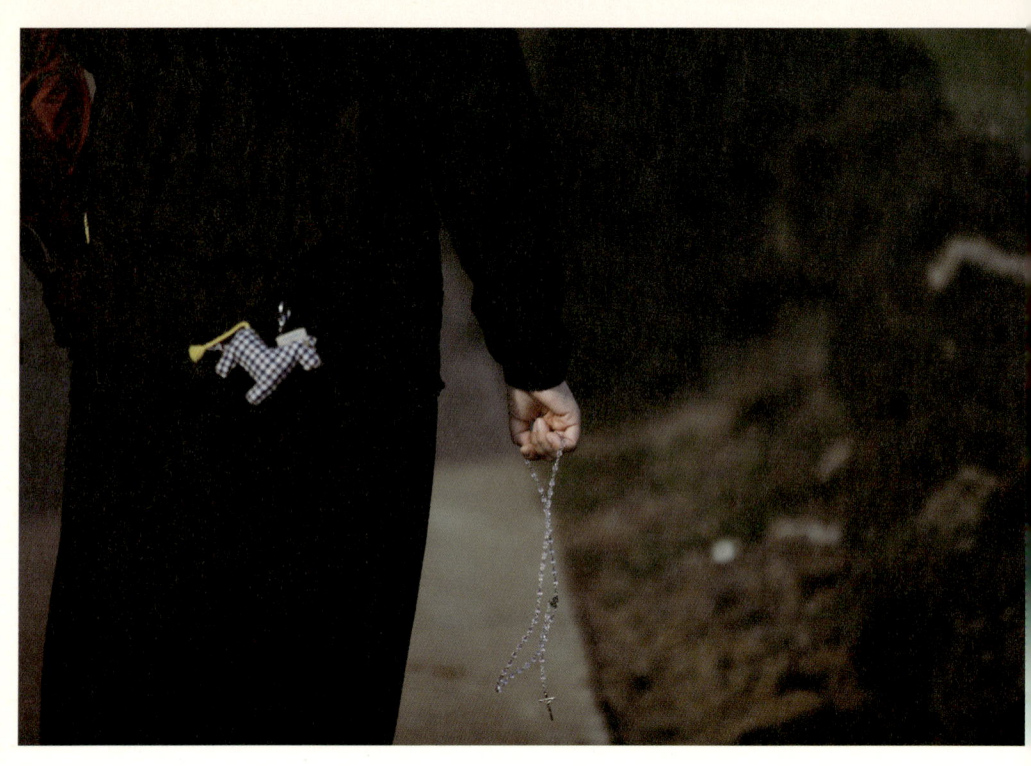

침 묵 속 에 귀 를 기 울 인 다

제주 올레길 ㅣ 대한민국 ㅣ 2012

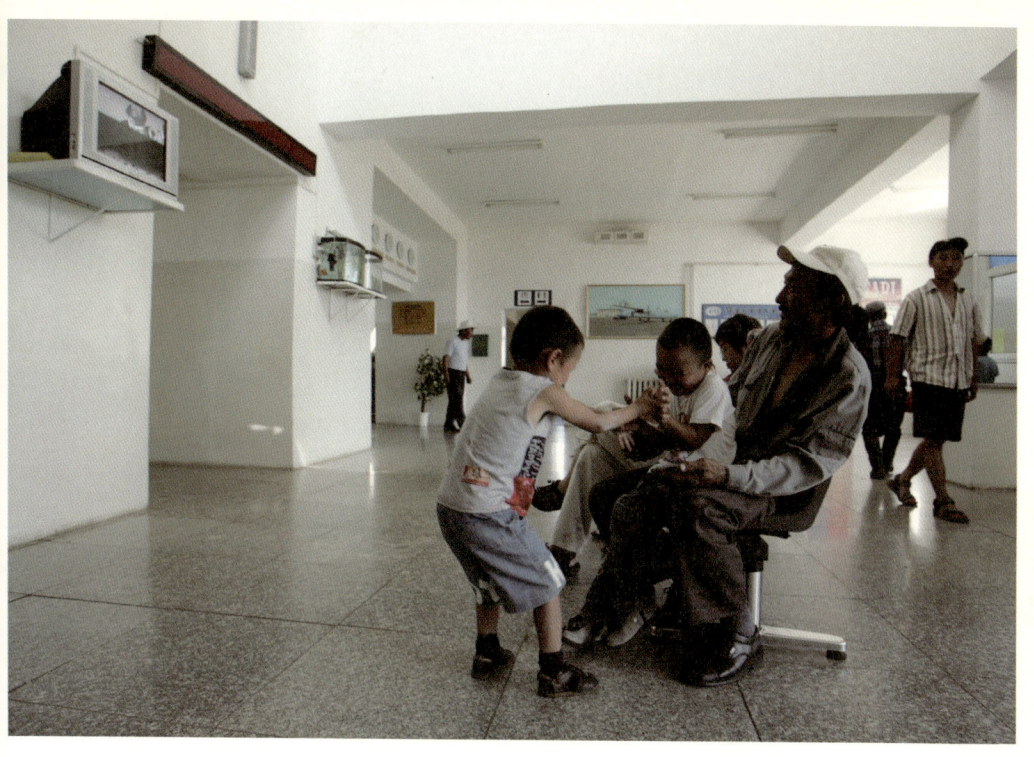

몽골 공항에서

공항이라고 해봐야 25인승 프로펠러 비행기 한 대뿐인 곳. 몽골의 어느 공항 대기실이다. 얼핏 보면 시골의 버스터미널 정도로 보인다. 오고 가는 사람도 별로 없어 동네사람들에게는 대기실이 자기네 거실과도 같다. 아빠는 텔레비전을 보고, 아이들은 뭐가 그리 신나는지 웃고 떠든다. 나는? 그들의 거실 저편에 앉아 있었다. 몽골 | 2006

세 상 에 서　단　한　대 뿐 인　카 메 라

카메라에 욕심이 생긴 건 이번이 처음이다. 저 카메라를 갖고 싶었다.

딜라 | 에티오피아 | 2014

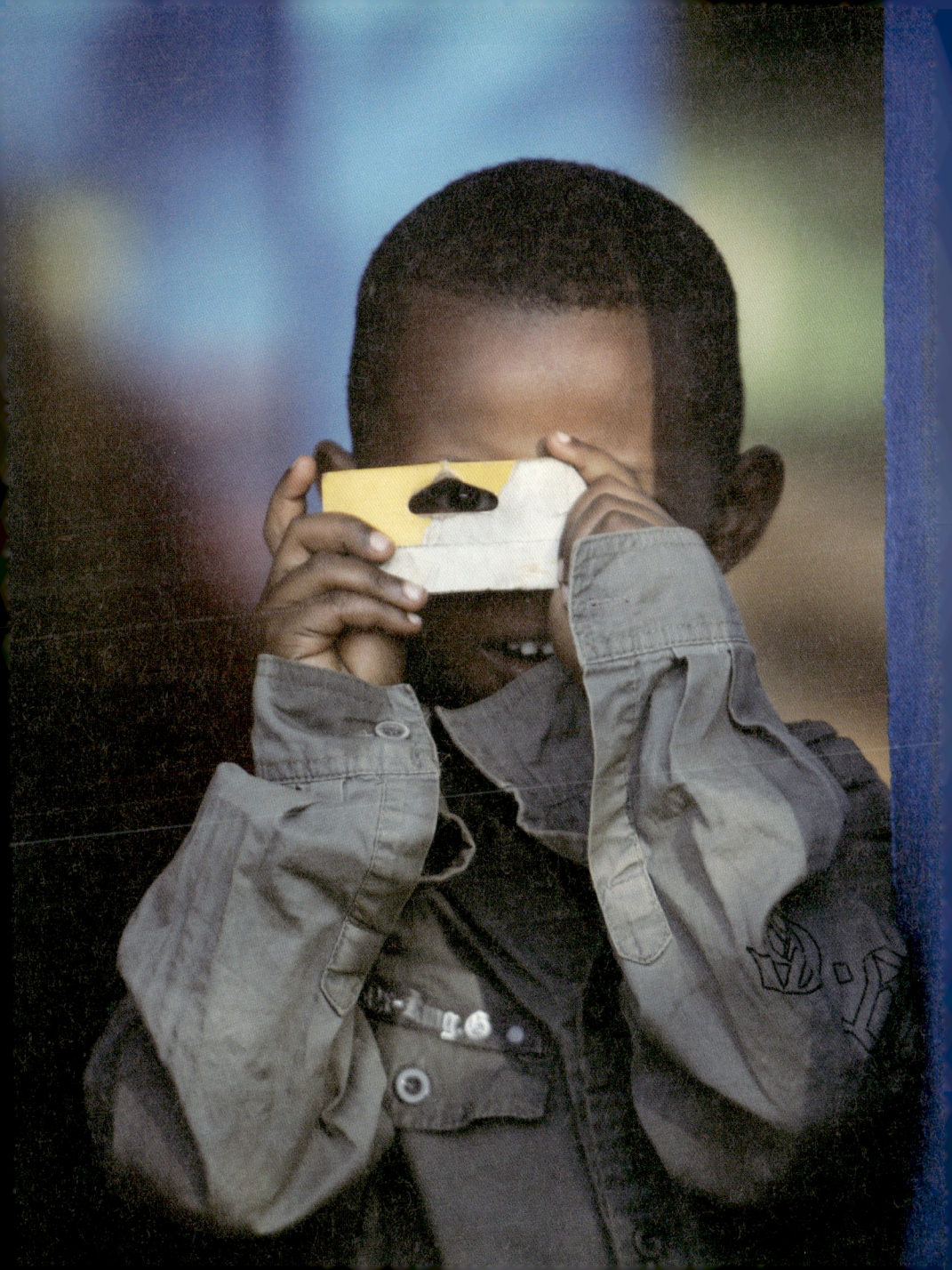

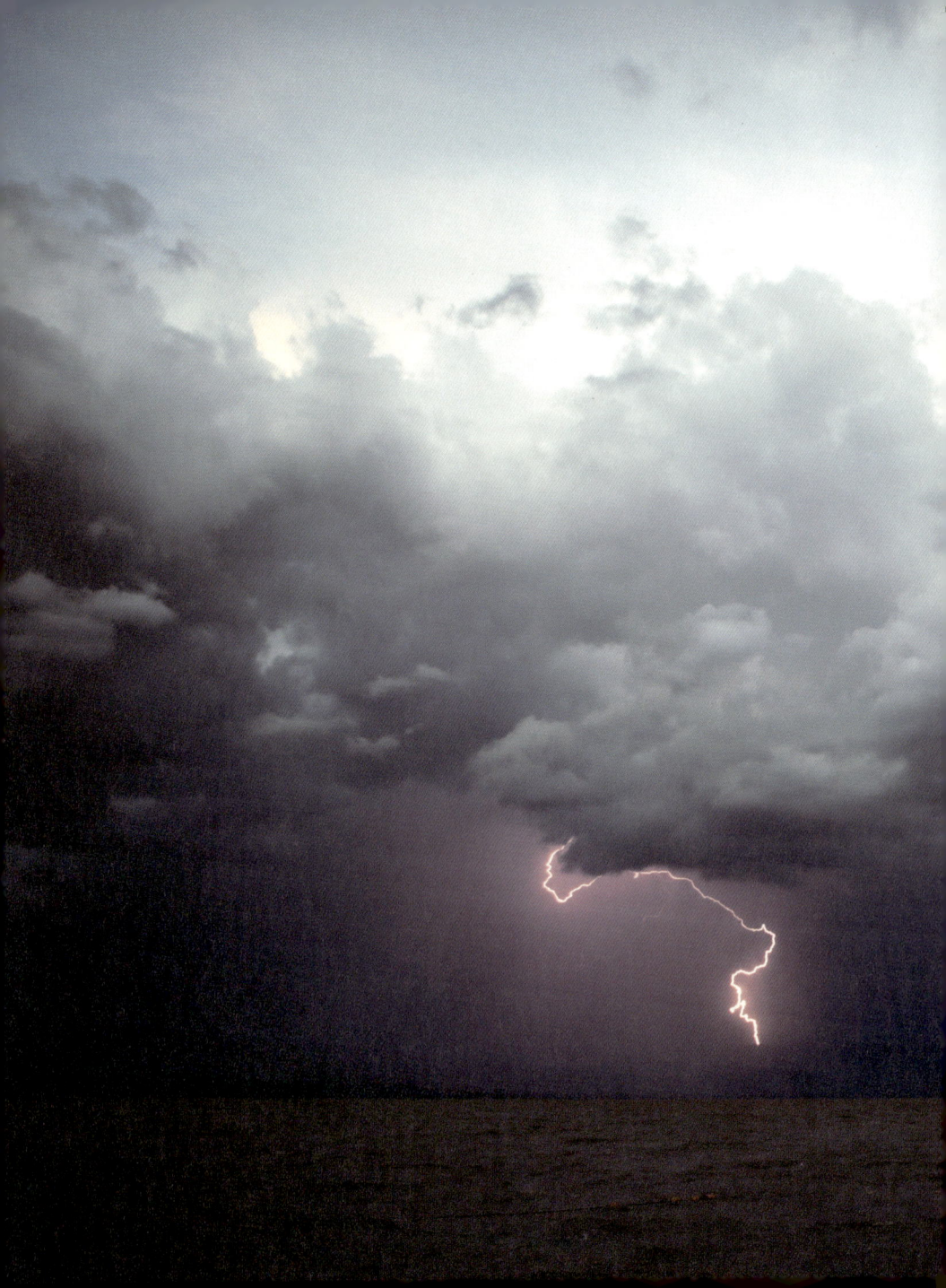

링가노 호수 | 에티오피아 | 2014

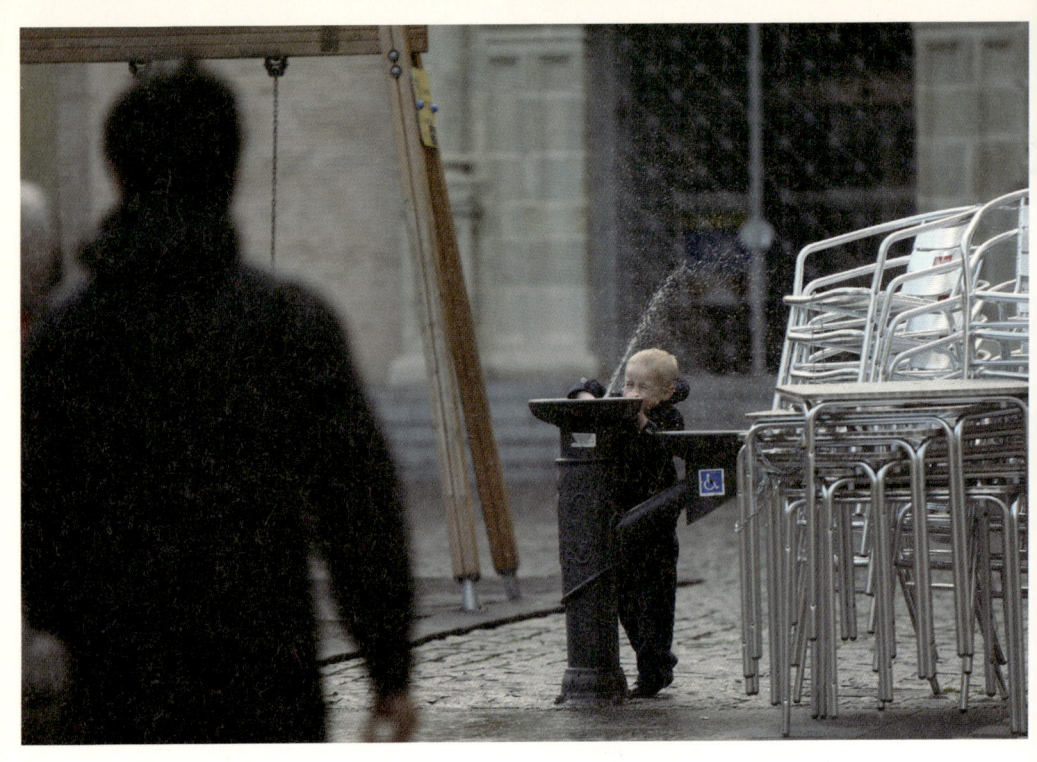

깜 짝 이 야

언제나 배움은 경험을 통해 얻는 것이란다. **팜플로나 거리 | 스페인 | 2010년**

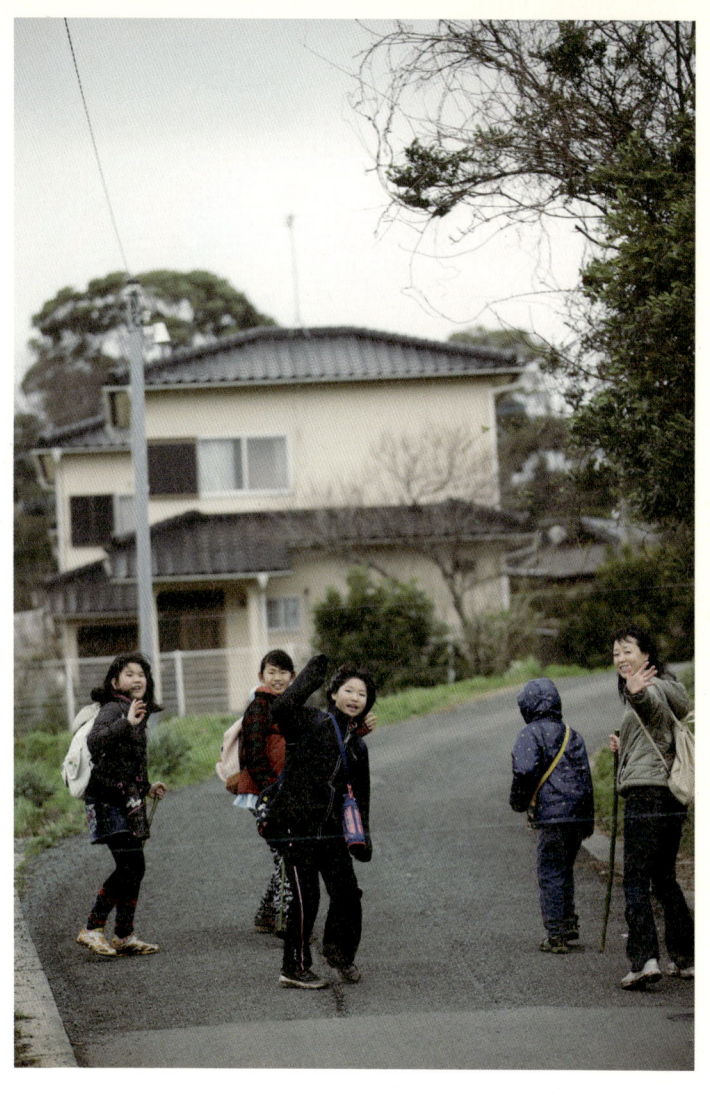

집 으 로 가 는 길

규슈 무나가타-오시마 코스를 초등학생들과 함께 나란히 걸었다. 코스를
마친 후 집으로 돌아가는 아이들이 손을 흔들어주었다. 자기들은 걸어서 5
분이면 집에 간다며. **규슈 올레길 | 일본 | 2014년**

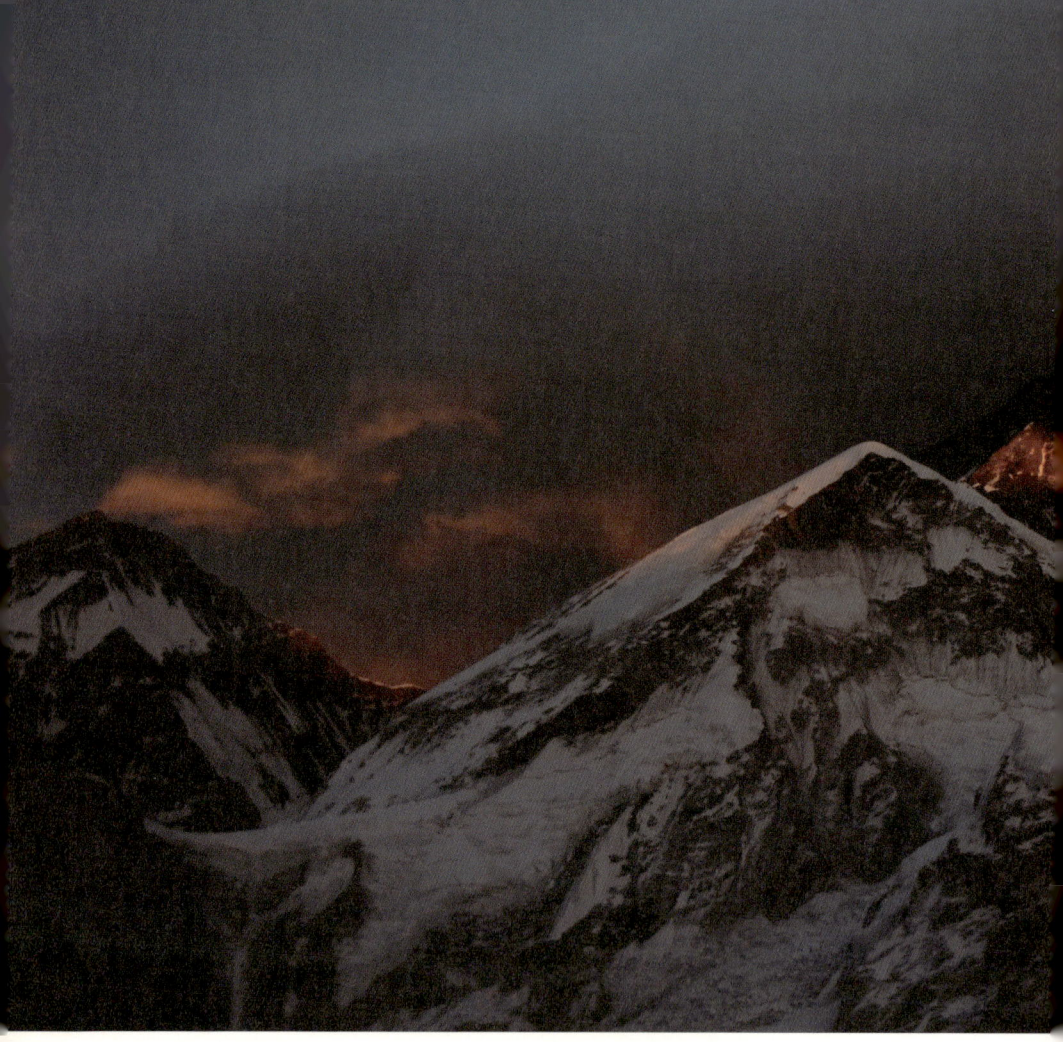

지 금 도   그 때 의   셔 터   소 리 를   기 억 한 다

드디어 5550m 칼라파타르 정상에 섰다. 바람이 생각보다 심한 탓에 셰르파인 짱가는 내 허리춤에서 손을 놓지 않는다. 정상에 오르며 바라본 에베레스트는 구름에 가려 모습을 보여주지 않았다. 잠시 앉아 속절없이 허공만 바라보았다.

그때 갑자기 짱가가 소리쳤다. 그의 손은 에베레스트를 향하고 있었다. 구름에 가려져 있던

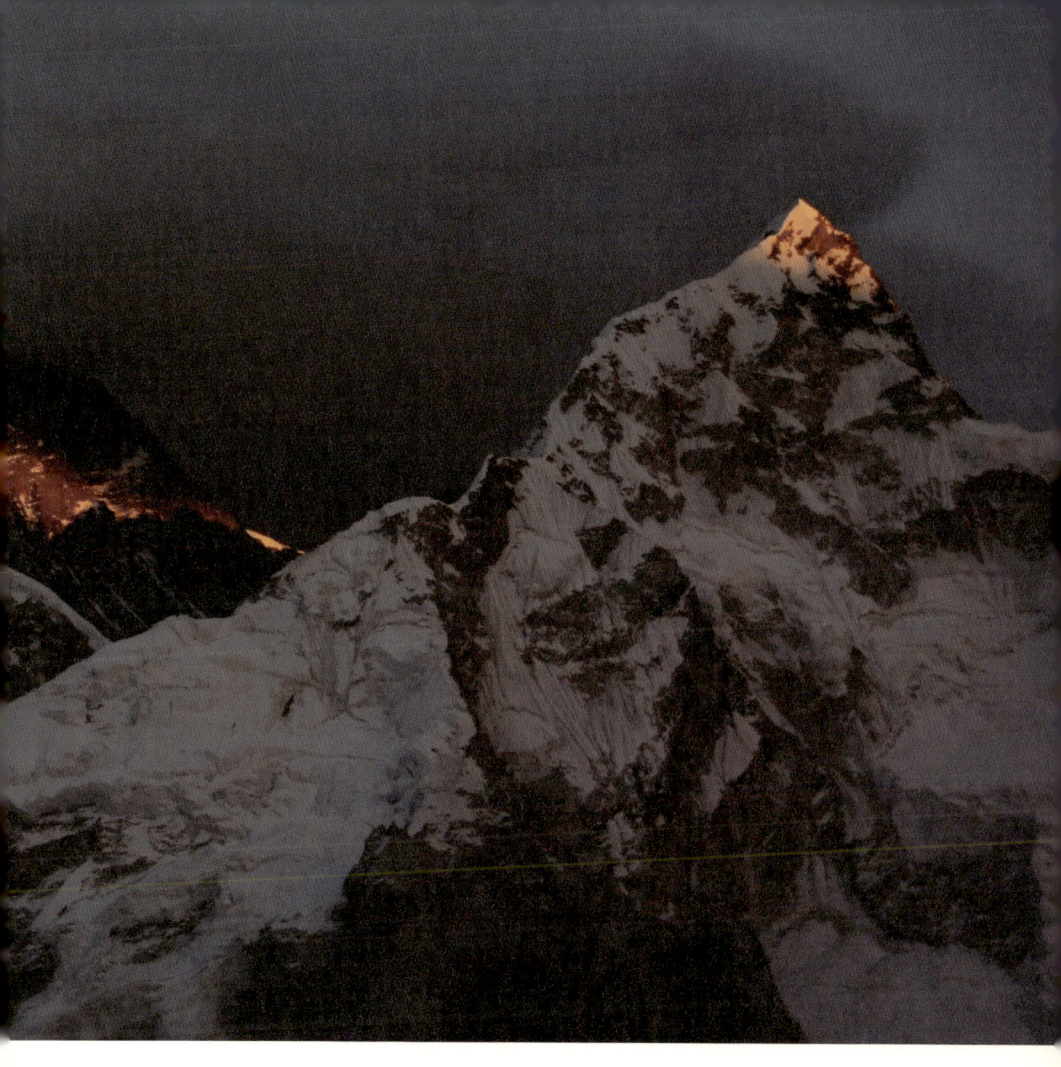

에베레스트와 로체, 눕체 등이 서서히 보이기 시작했다. 하늘 문이 열리듯 구름이 에베레스트 위에 걸린다. 그리고는 가운데 우뚝 솟은 에베레스트의 봉우리가 붉게 물들었다.

카메라를 들고 있다는 것도 잊은 채 에베레스트에 영혼을 빼앗겼다. 심장이 북을 두드리듯 날뛰고 손은 떨려왔다. 지금도 그때의 셔터 소리를 기억한다. 거세게 불던 바람이 잠잠해진 후 정적을 가르던 그 셔터 소리를. **쿰부 히말라야 EBC | 네팔 | 2013**

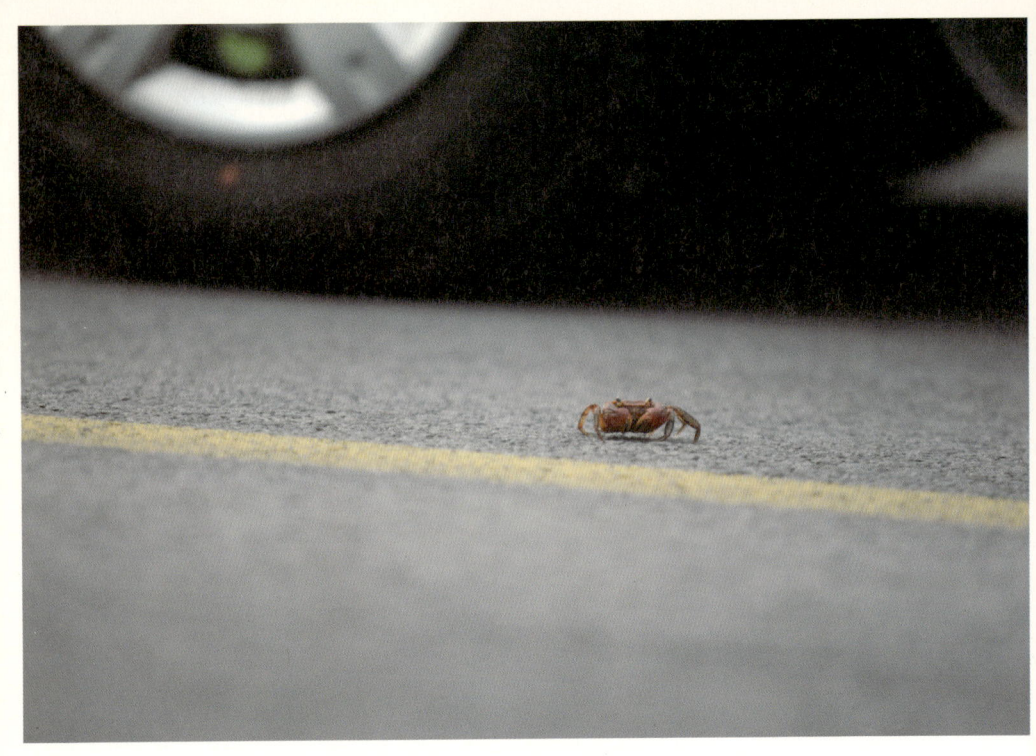

삶 을 걸 고 걷 다

빨간 옷을 입은 게 한 마리가 곡예를 한다. 길 건너 바닷가로 나가려고 무단 횡단을 시도한 것이다. 그 녀석만이 아니다. 여러 마리의 게들이 길을 건너기 위해 애를 쓰고 있다. 한 녀석이 속도를 낸다. 그러다 자동차가 쌩 지나가면 그 자리에 멈춘다. 아찔하다. 운 좋게도 자동차를 피한 녀석은 다시 눈치를 살피고는 조금 더 전진한다.

10분이 지났을까. 녀석이 도로의 노란 중앙선에 닿았다. 보고 있는 나도 심장이 벌렁거리는데, 목숨을 걸고 걷는 녀석은 오죽할까. 생각해보면 우리 삶도 이와 비슷하다. 매 순간이 삶을 건 곡예요, 결정적 시간이다. 다행히도 녀석은 바다로 빠져 나갔다. 나도 모르게 "휴~" 큰 숨을 내쉬었다. 무사히 안식처에 도착한 게를 뒤로 하고, 나는 다시 걸었다. **제주 올레길 | 대한민국 | 2009**

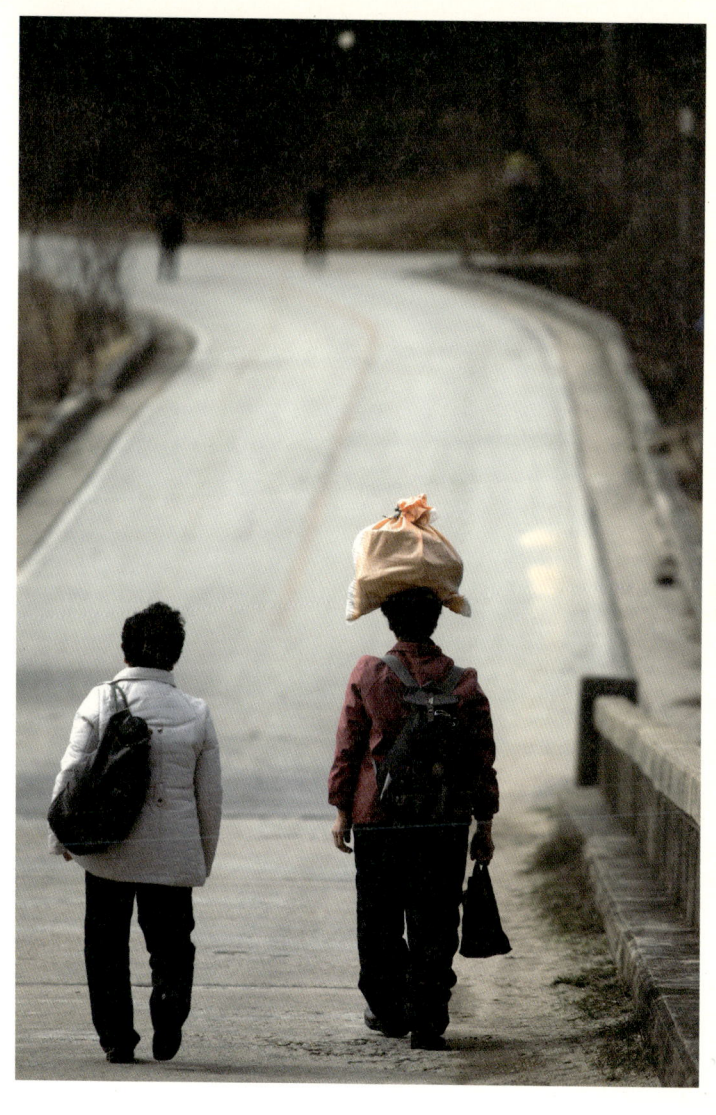

삶 의 무 게 도 가 늠 할 수 있 다 면

지리산 둘레길 | 대한민국 | 2010

어머니의 품에 안기다

세계 3대 미봉중 하나인 '아마다블람'을 옆에 끼고 걸었다. 이곳 사람들에게 성스러운 산으로 여겨지는 아마다블람은 '어머니의 진주목걸이'라는 의미다. 멀리서 바라보는 것만으로 어머니의 푸근한 품이 생각났다. 나는 그 품에 안기듯 한 발씩 내딛었다.

점심을 먹기 위해 어느 롯지에 멈췄다. 그리고 이들을 마주했다. 어미의 품에 안겨 젖을 먹는 강아지였다. 평소라면 지나쳤을 모습인데 웬일인지 눈시울이 뜨거워졌다. 그렇게 가만히 한참을 바라보았다. 쿰부 히말라야 EBC | 네팔 | 2013

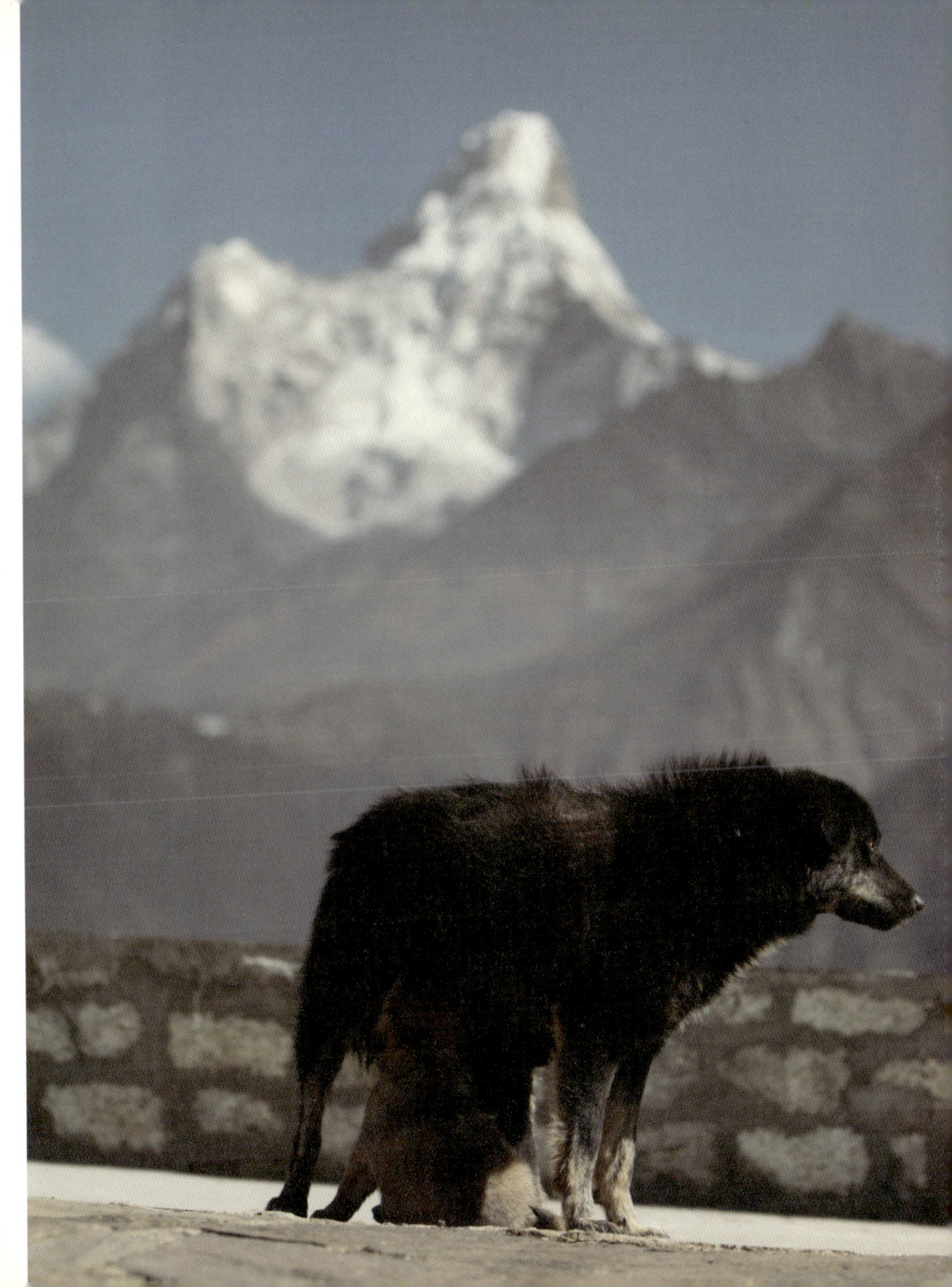

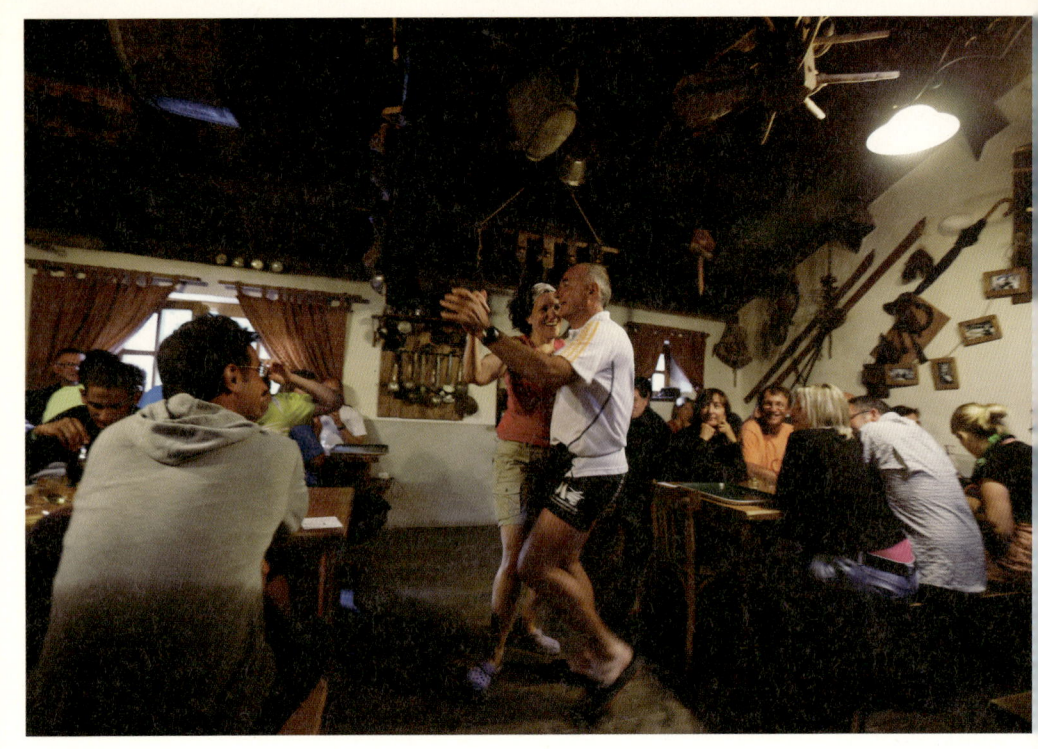

해 발 1 8 6 4 ,   산 장 의   저 녁

이탈리아와 프랑스 국경에 위치한 해발 1864m에 있는 산장. 걷기를 마친 여
행객들이 식당으로 모여들자 떠들썩해진다. 온갖 언어가 난무하는 식당에서
갑자기 들리는 아코디언 소리. 식당 주인의 즉석 연주였다. 모두들 숨을 죽이
고 귀를 기울인다. 하루의 피로를 위로하는 듯 몸속으로 녹아드는 소리에 한
커플이 중앙으로 걸어 나와 춤을 추었다. 고된 하루를 무사히 보낸 것을 자축
이라도 하듯이. **투르 드 몽블랑** | 2013

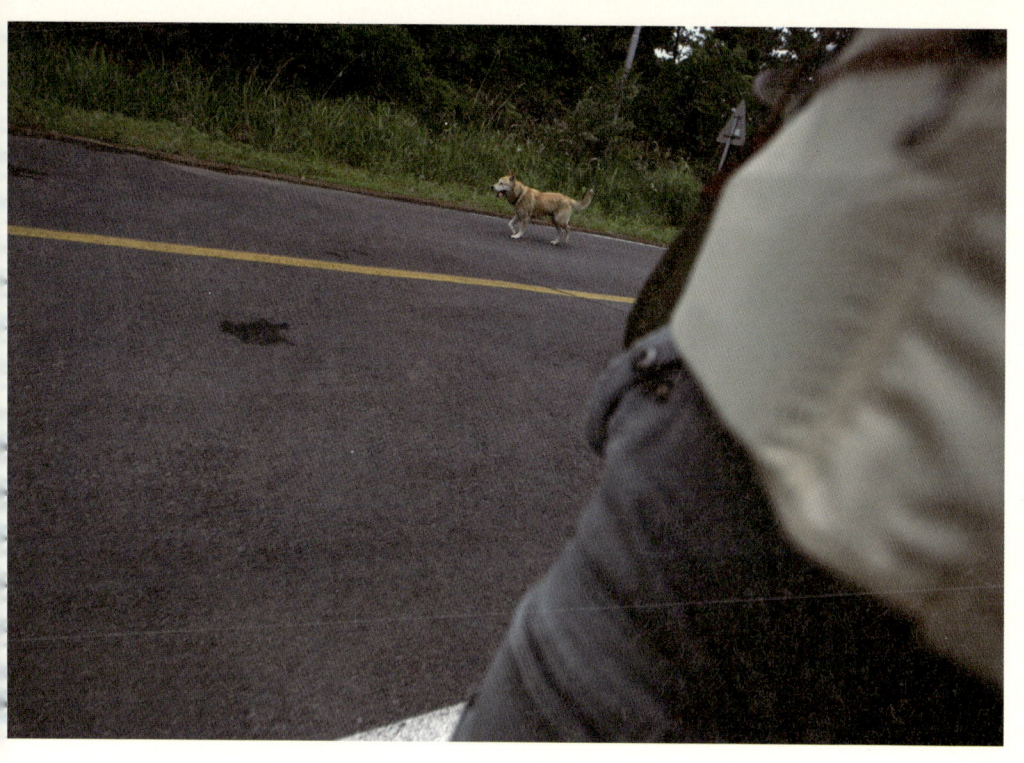

반가움도 그리움으로 번해간다

혼자 길을 걸었다. 날은 흐리고 주변이 어둑해지기까지 했다. 다리는 힘이 풀렸고, 길 위에 지나가는 사람도 차도 없다. 그때 나타난 반가운 동행. 살랑거리며 꼬리를 흔들더니 적당한 거리를 유지하며 함께 걸었다. 나는 두 발로 녀석은 네 발로 그렇게 몇 분이나 함께 걸었을까. 큰 도로가 나오자 내 동행은 잠깐 서서 나를 바라보더니 돌아서 가버렸다. **제주 올레길 | 대한민국 | 2009**

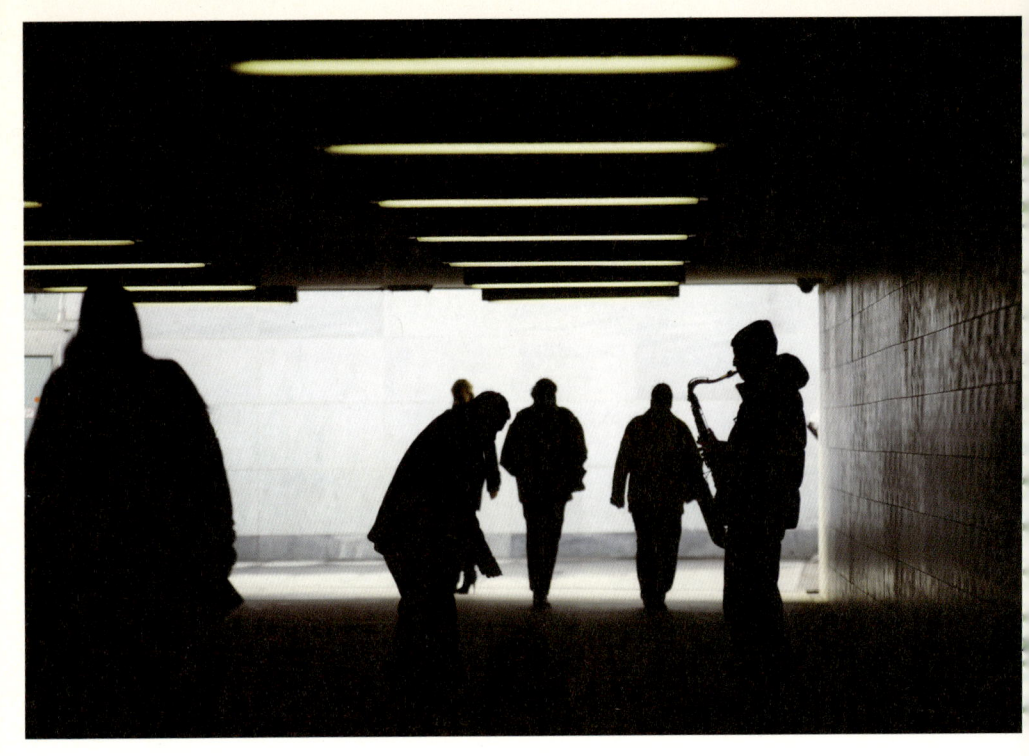

길   위   의   선 물

지하도의 울림 때문인지 색소폰 소리가 마음 깊은 곳까지 울려서 가던 길을 멈췄다. 결국 한 곡을 듣고는 아예 그 자리에 앉아버렸다. 시간도 남고 굳이 어디를 가야 한다는 목적도 없는 여행자에게 무엇과도 비교할 수 없는 멋진 공연, 길 위의 선물이었다. 라트비아 | 2012

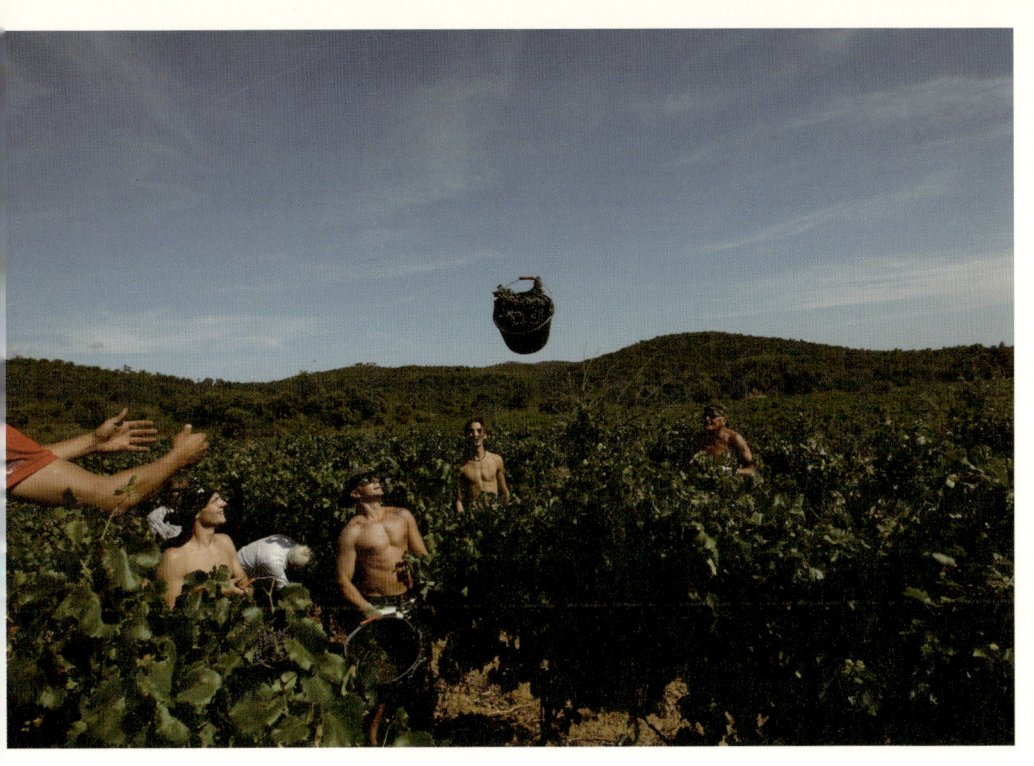

삶 이 반 짝 이 는 마 법 의 순 간

와인을 만들기 위해 포도 수확이 한창이었다. 장난기가 발동한 한 아저씨가
나를 보고는 사진을 잘 찍어달라고 부탁했다. 그리고는 포도가 한가득 담긴
통을 번쩍 들어 저멀리 던져버린다. 힘 자랑 좀 하고 싶었나보다. 저쪽에서 누
군가 손을 뻗어 그 통을 잡자, 모두가 손을 번쩍 올리며 기뻐한다. 포도밭에 메
아리가 울릴 정도로 큰 웃음이 퍼졌다. 짧은 순간, 단순한 행동 하나였지만 땡
볕 아래서 일하던 이들의 고됨이 사라져버린 마법 같은 시간이었다. 어쩌면
우리에게도 그런 짧은 순간이 필요한지도 모르겠다. 방돌 | 프랑스 | 2010

작 은   책 방

마을 어귀에서 작은 책방을 발견하고는 안으
로 들어섰다. 정리되어 보이지 않는데도 정
리되어 있는 듯한 묘한 느낌. 시간이 켜켜이
쌓여 만든 공간만이 줄 수 있는 느낌이었다.
안쪽에 책방 주인장인 듯한 분이 한 손에는
파이프 담배를 들고 전화 통화를 하고 있었
다. 낯선 손님일 나를 곁눈질로 흘끔 본 주인
장은 손가락으로 어딘가를 가리켰다. 따라가
보니 사진집이 여러 권 쌓여 있다. 먼지 쌓인
이 동네의 사진집들. 그중 한 권을 골라 그녀
앞에 섰다. 여전히 여유롭게 통화중이었다.
이상하게도 주인장을 보고 있자니 나도 여유
로워져서 의자를 가져다가 곁에 앉았다. 그리
고는 카메라를 들어 주인장을 몇 컷 찍었다.
셔터 소리마저 느긋하게 울렸다.

아비뇽 근처 마을 | 프랑스 | 2010

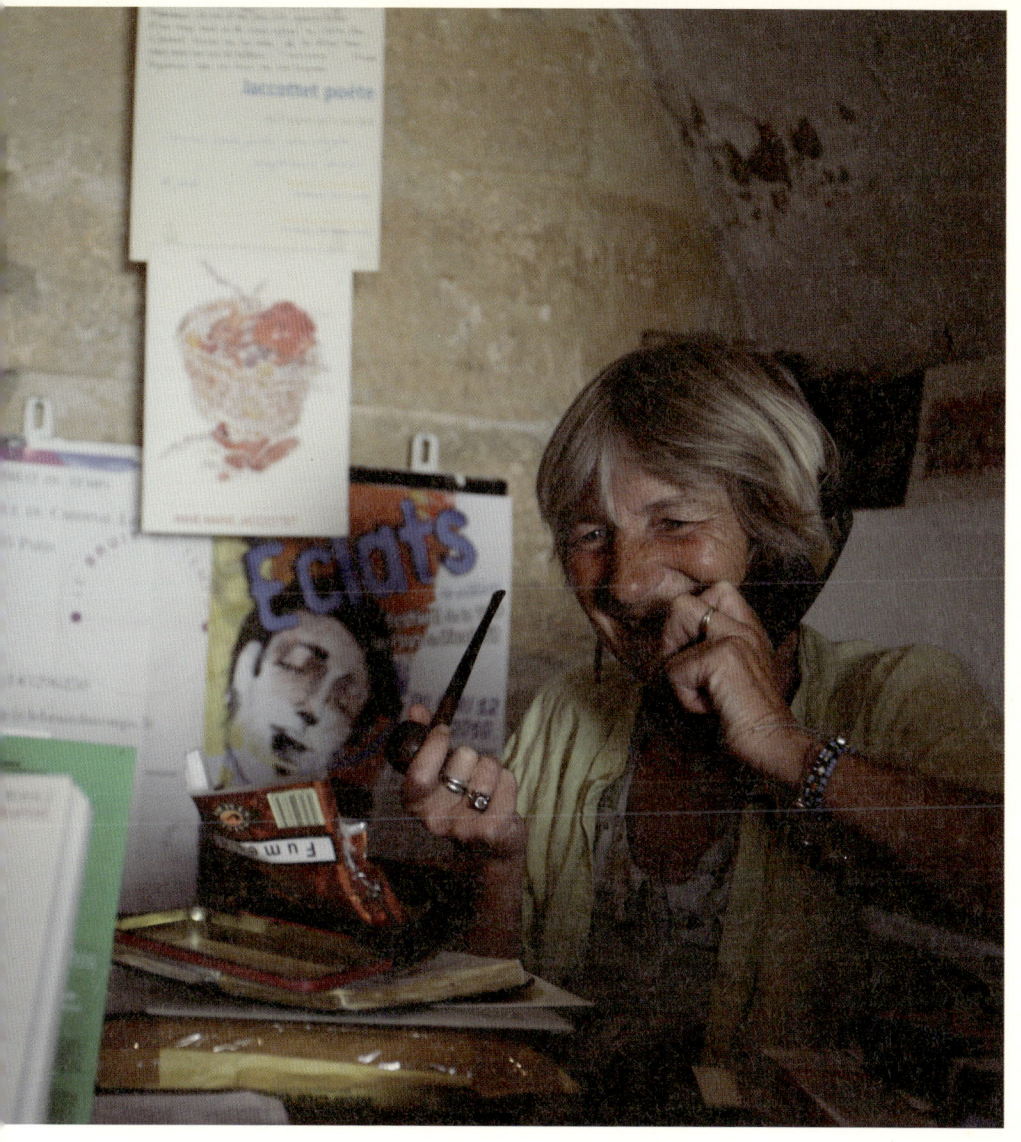

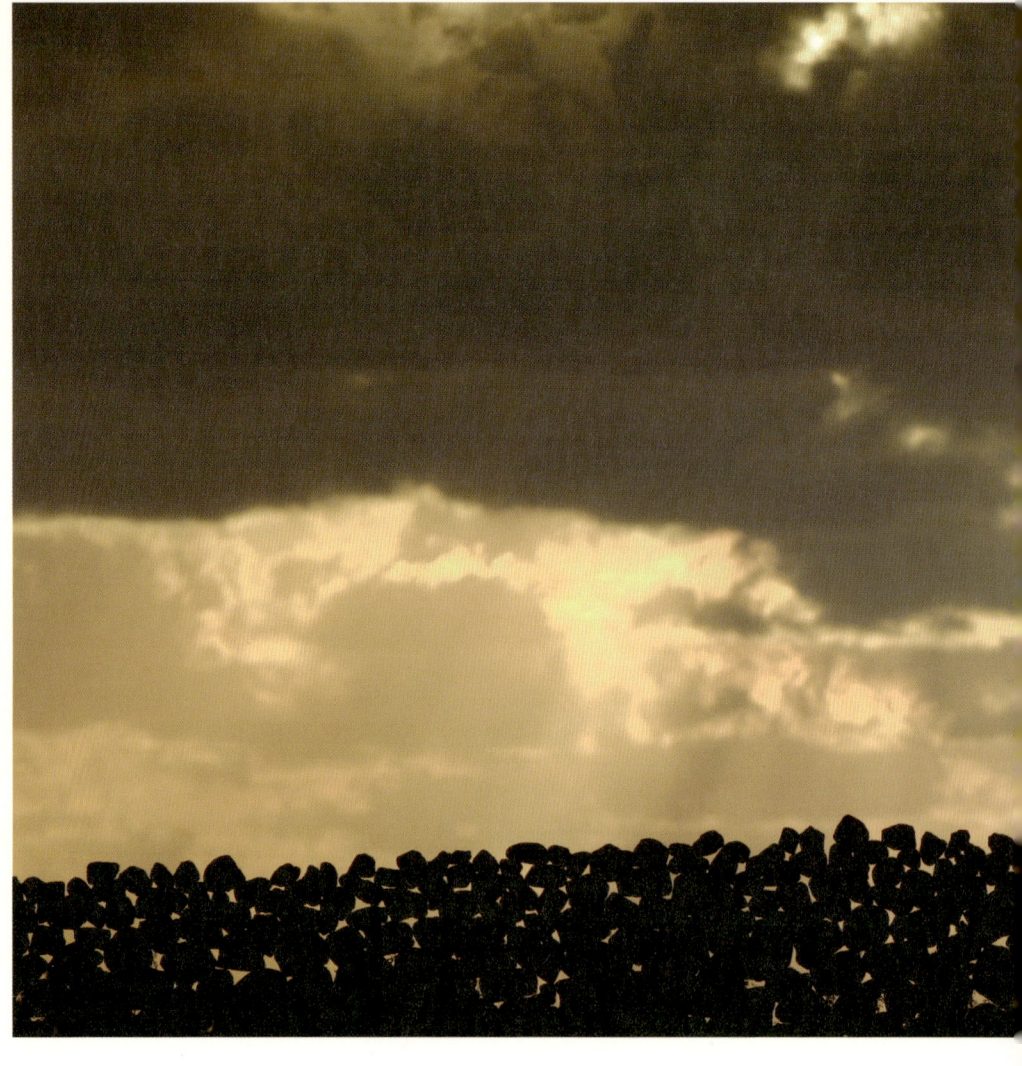

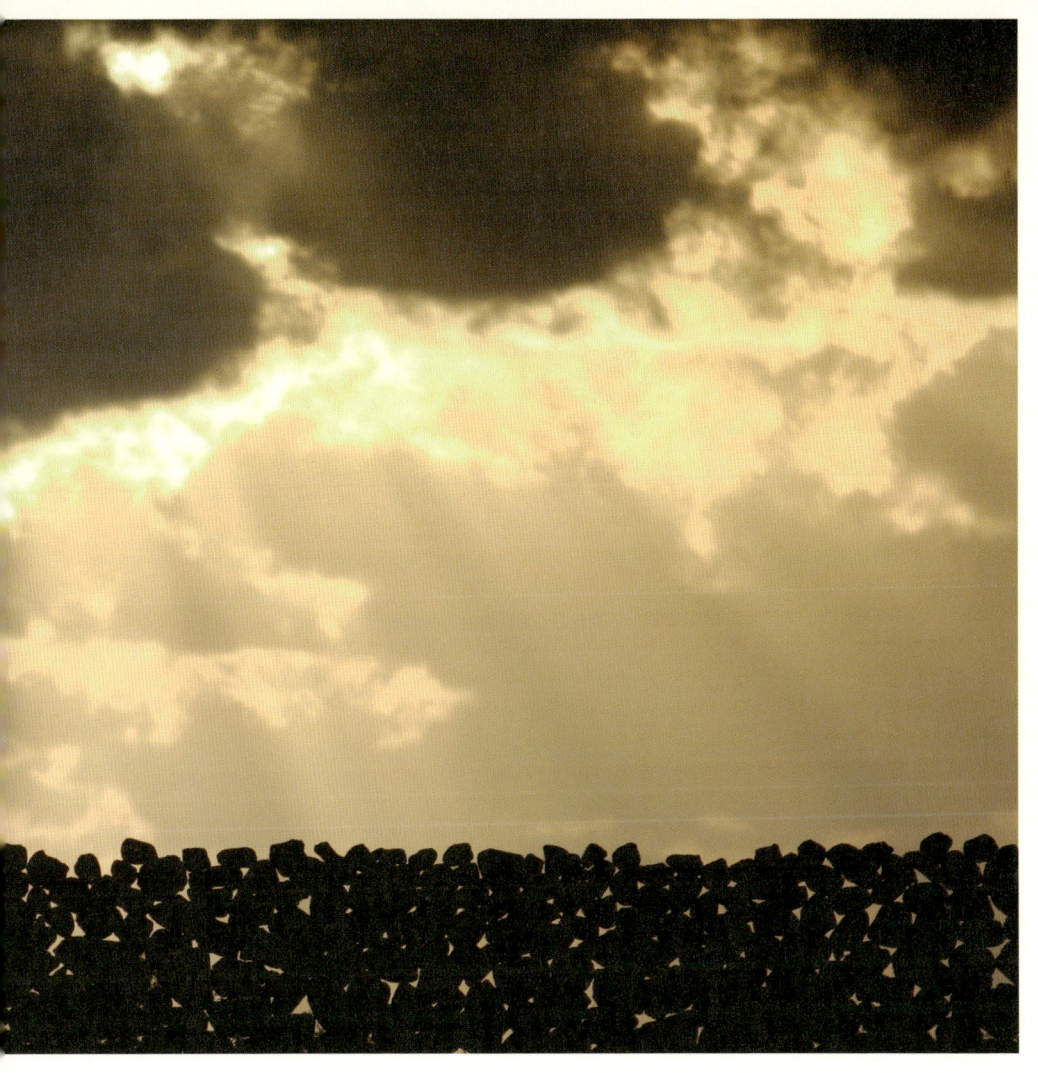

붉 은 섬

해가 진다. 지는 해를 중심으로 하늘과 바다가 붉은색으로 변하고 있다. 자연이 만들어내
는 붉은색은 언제나 매혹적이다. 내 얼굴이 붉다. 내 머리카락도 붉다. 내 몸도 붉다.

제주 올레길 | 대한민국 | 2009

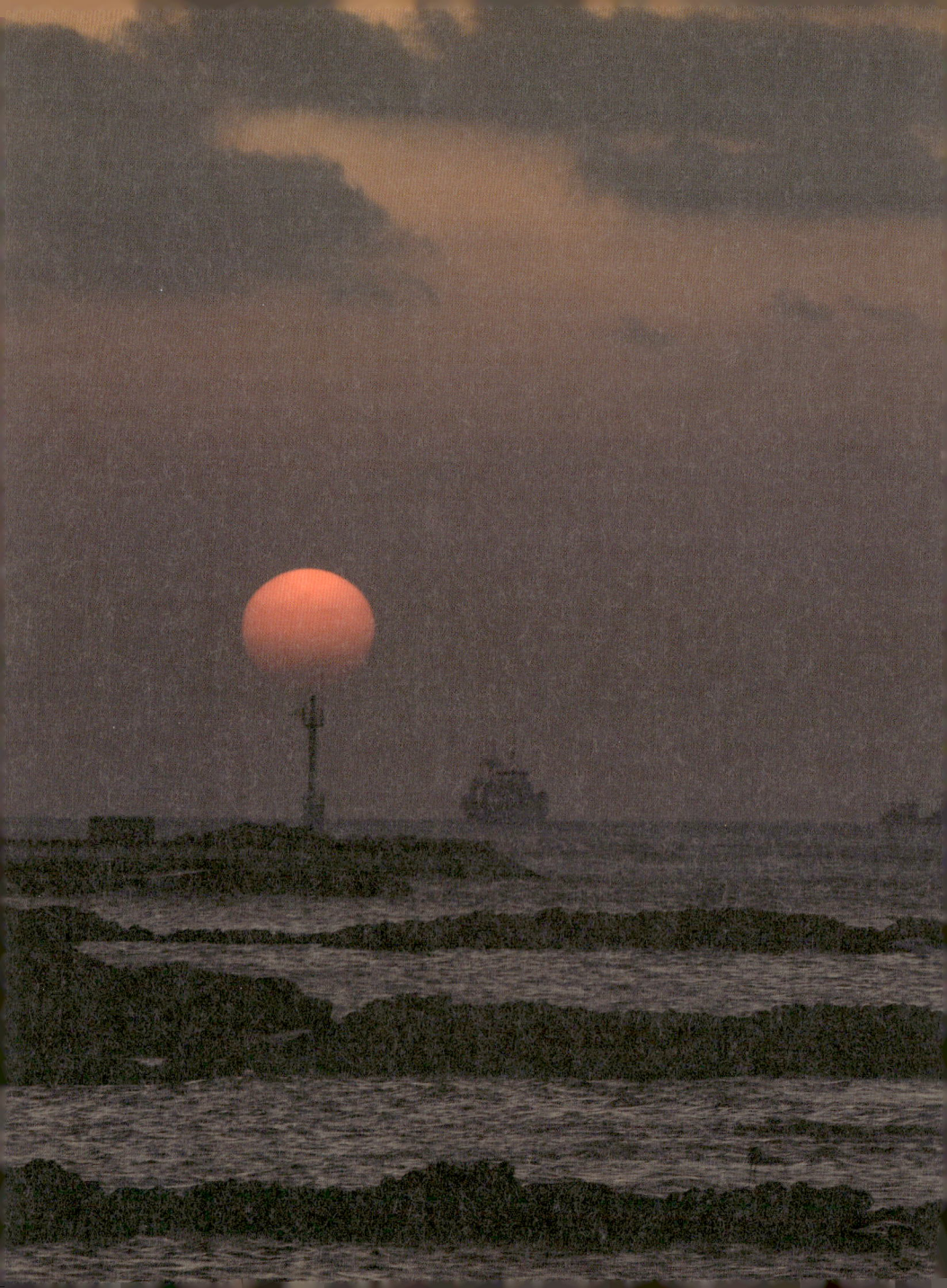

제주 올레길 | 대한민국 | 2009

수줍게 웃는 미소로 카메라를 바라본다.
처음은 어색했지만 점점 자연스럽게 바라본다.
길에서 만난 우리가 미소를 주고받고 마음을 연다.
만남과 이별은 순간이지만,
사진으로 남은 인연은 평생이 된다.

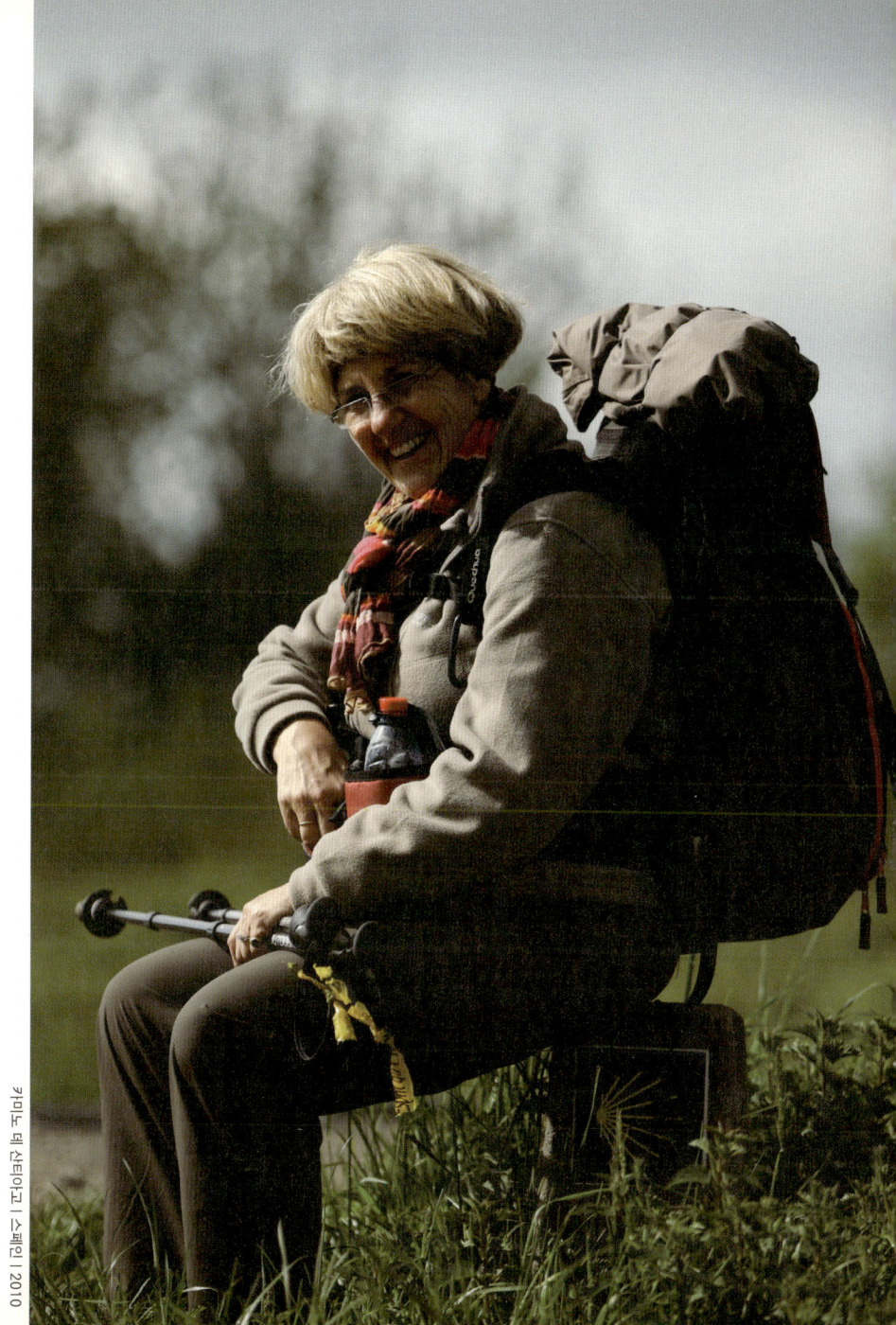

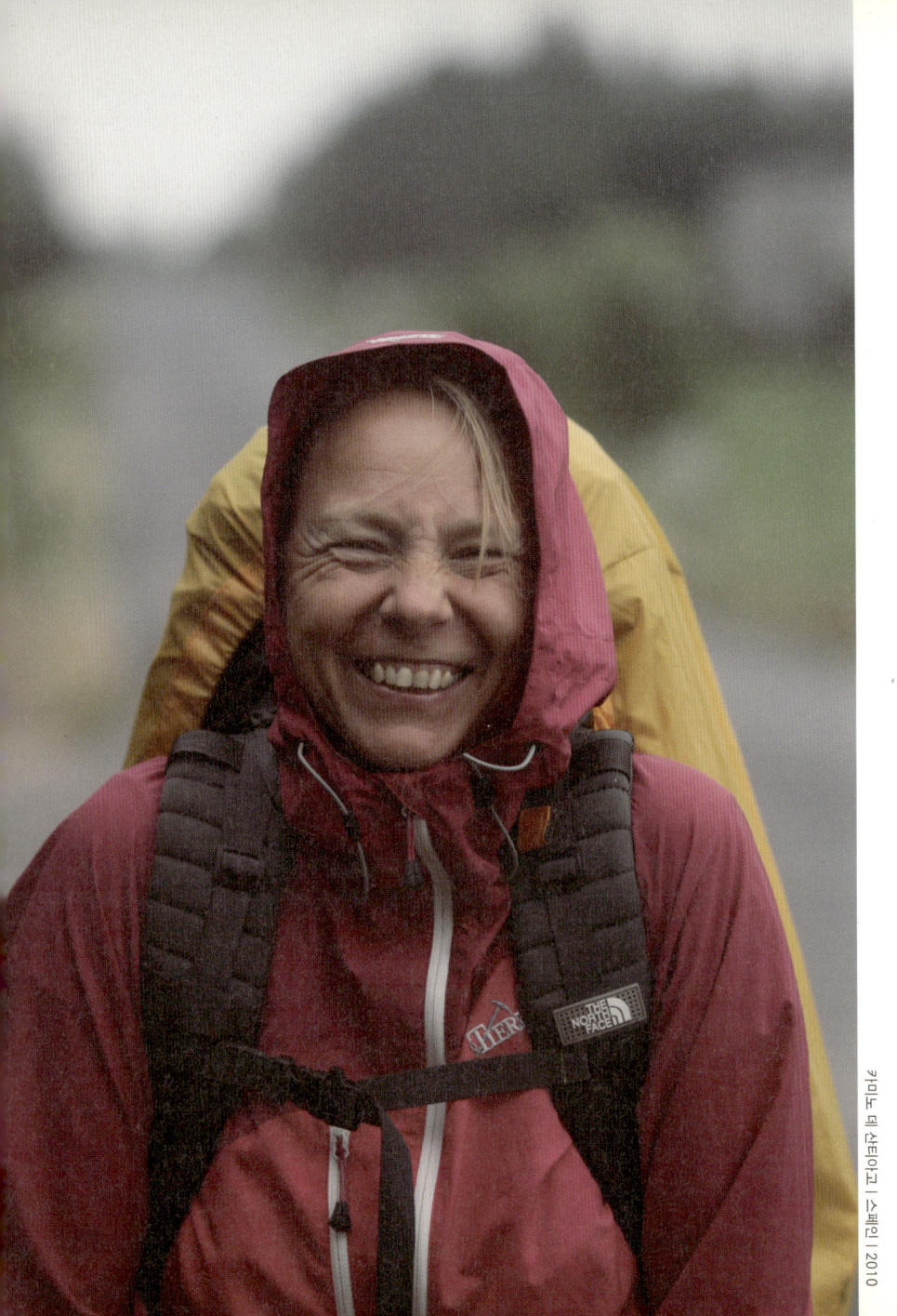

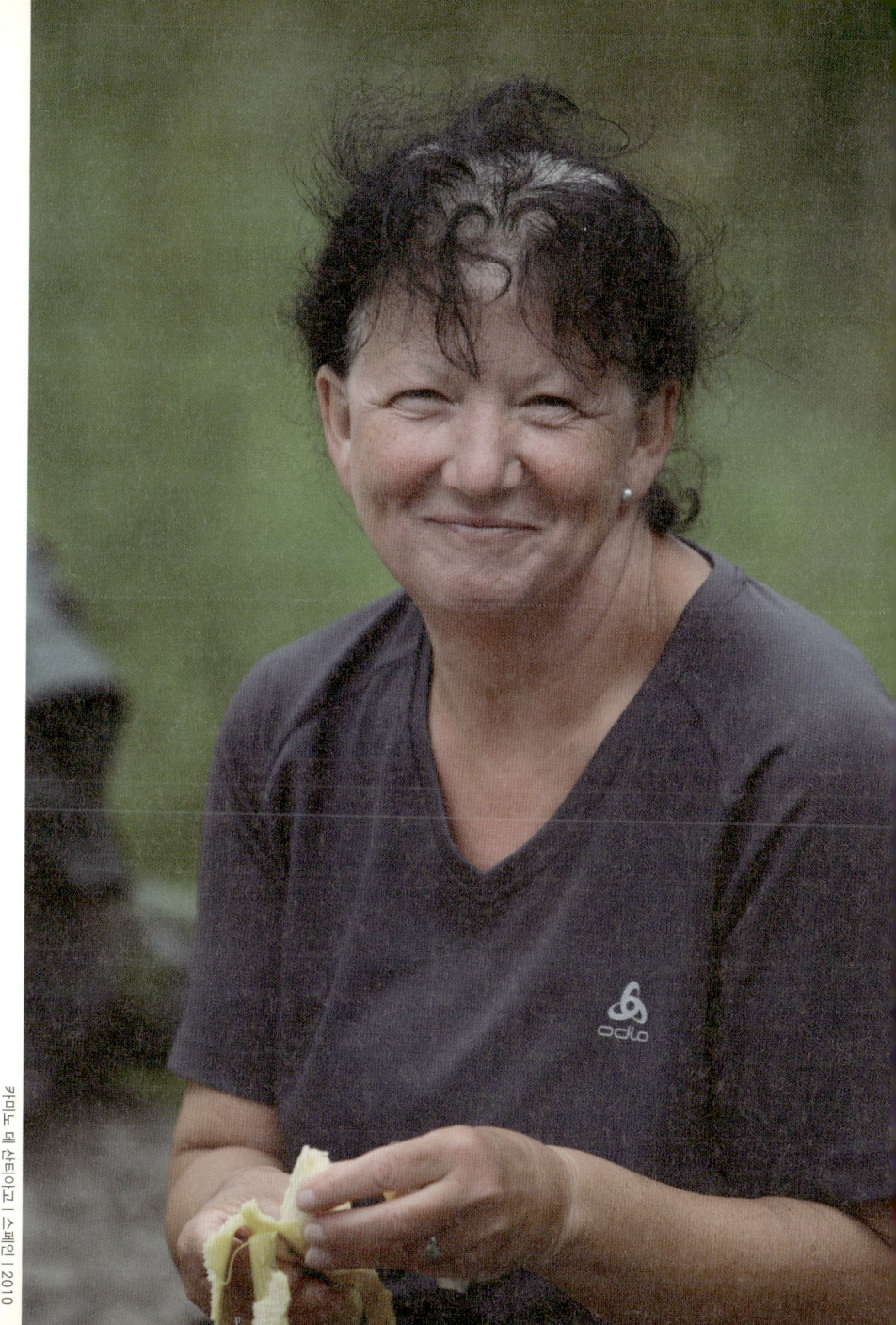

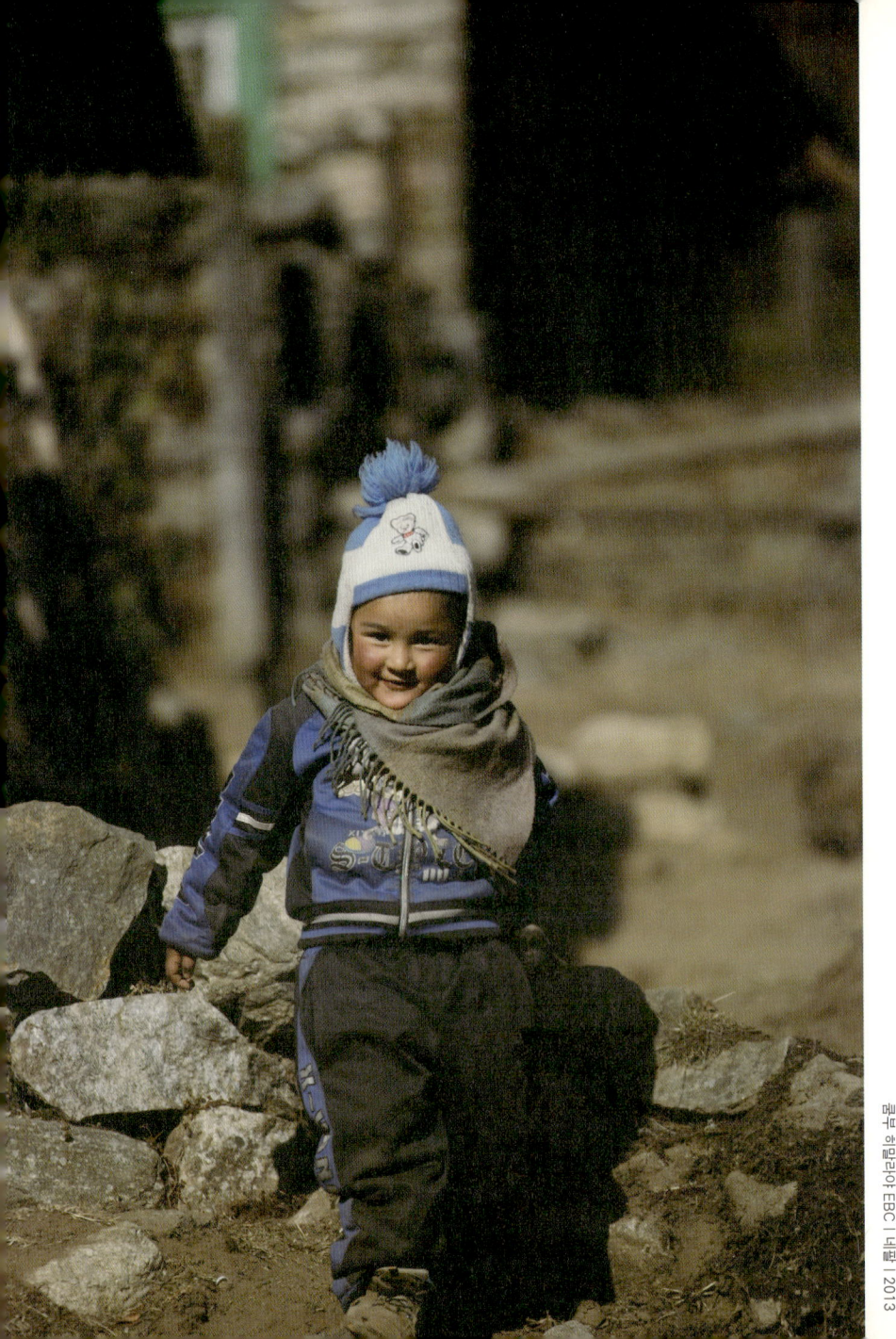

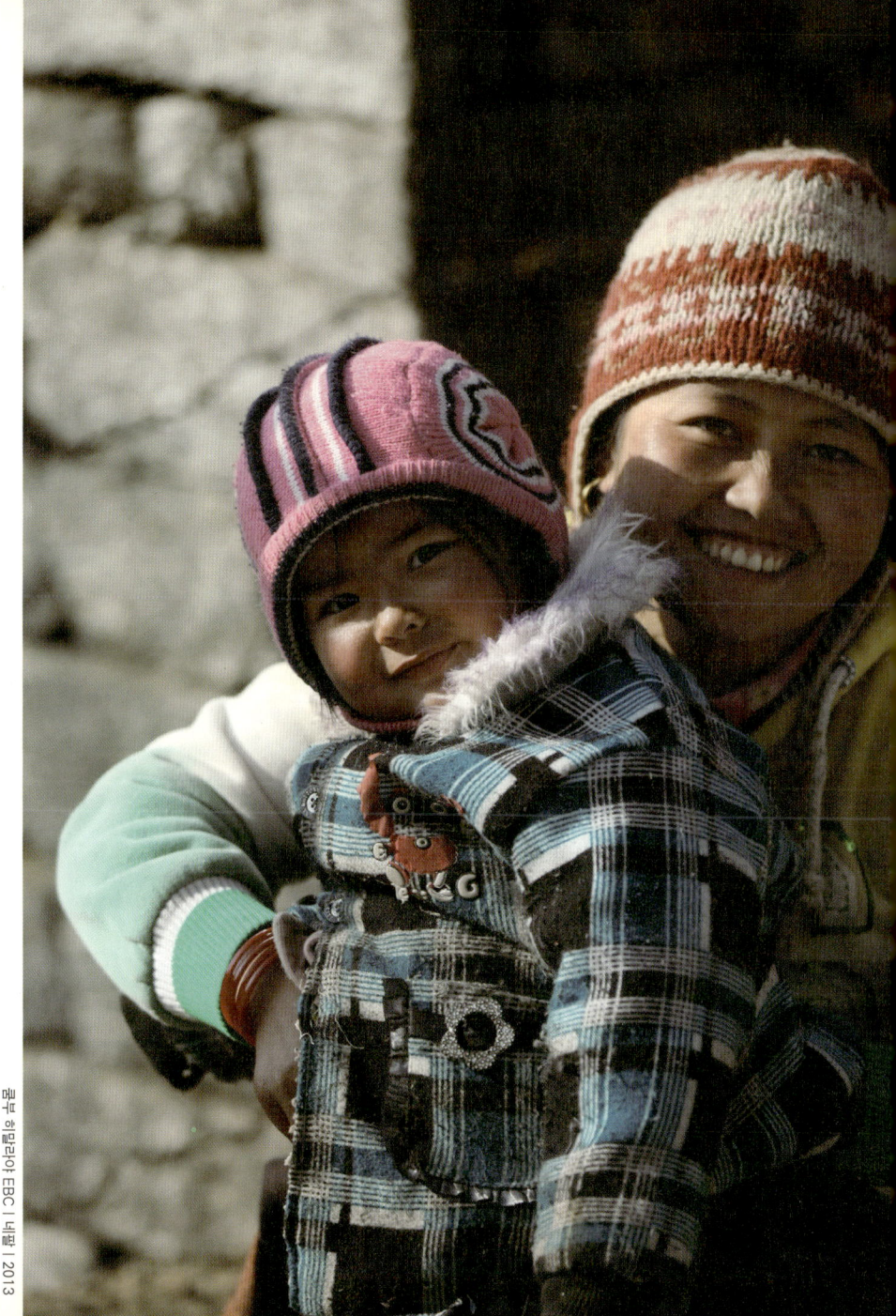

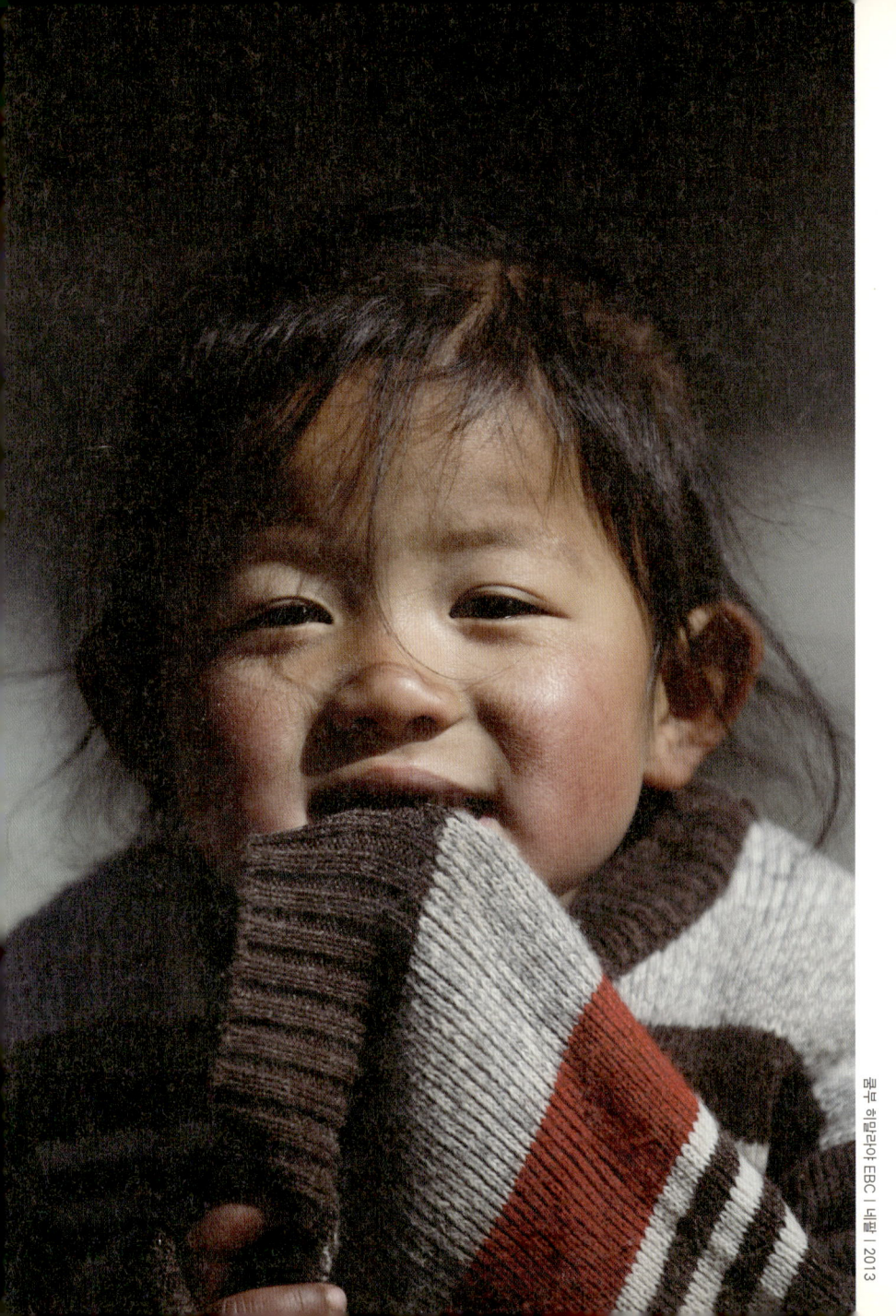

함께 길을 걷고, 나와 내 카메라를 친절하게 반겨준
모든 당신들께 감사드립니다.
당신의 웃음과, 땀과, 표정을 볼 수 있었던 건
내게 최고의 행운이고 축복이었습니다.
길을 걸으며 절대 쉽게 셔터를 누르지 않았고,
아름다운 풍경에 당신들을 도구로 사용하지 않았습니다.
오직 당신만이 내 사진의 주인공이며
최고의 하이라이트입니다. 진심으로 감사합니다.

모든 걷는 이들에게 행복이 가득하길 바라며,

길 위의 사진가 김진석